さわるな危険！毒のある生きもの超百科

パンク町田・監修

これマジ!? ひみつの超百科⑩
毒のある生きもの超百科
目次

はじめに

みなさんは、毒のある生きものは好きですか？　オレは死ぬほど大好きです♥

もちろん「死ぬほど」というのはたとえで、オレは今日も元気に生きている。だけど、オレやみなさんが今、元気なのは、毒のある生きもののおかげかもしれないのだ。なぜなら、生きものの毒からは多くの薬がつくられ、オレたちの健康を守ってくれているから。

そう、生きもののもつ毒には、オレたちの生活に役だつ色いろな可能性がかくされているのだ！　毒のある生きものたちは、オレたち人類が思いもつかないはたらきをする成分を、ずっと昔からつくりだし、利用してきた。そして、人類もそれを利用するようになった。いまや毒によって苦しめられる人よりも、毒を利用することですくわれる人のほうがずっと多いのだ。

生命の源は、38億年前の深い海の底からふきあがるお湯のなかからうまれたといわれている。そして、そのお湯のなかには、アンモニアのような毒性の強い物質もふくまれていた。いわば、地球上のすべての生命は、毒のなかからうまれたともいえるのだ！　毒とは、それくらい興味深いものなのだ。毒とともにくらす生きものたちの不思議な生活を、この本を読んで、楽しく知っていこうじゃないか！

パンク町田

序章 毒のある生きものを理解するために

生きものは、どのように分類される？

地球上の生きものはすべて、進化のなかで枝わかれした、いくつかの仲間に分類される。毒のある生きものたちも例外ではなく、それらの仲間のどれかに分類される。ここでは、まずその分類を見てみよう。

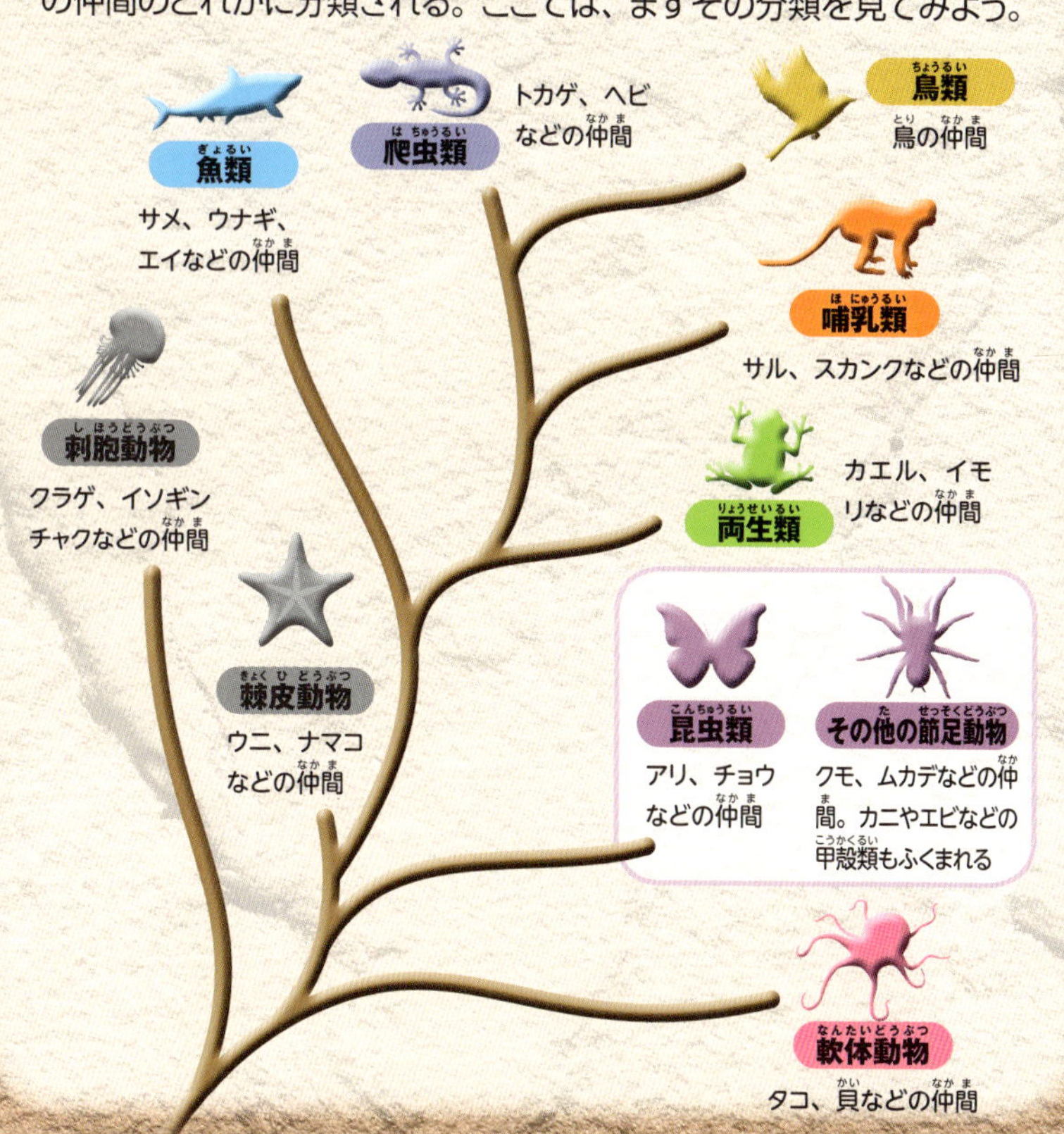

生きものたちの毒の種類

毒のある生きものの特ちょうは、獲物を狩るため、身を守るためなど、さまざまな目的で毒を使いこなす点にある。その毒は、成分によって、いくつかの種類にわけられる。どのような毒があるか、ここで整理しておこう！

神経毒

ヘビ、サソリ、クモなど、この毒をもつ生きものは多い。神経にはたらきかけて感覚や筋肉を麻痺させる。大量に注入されると、呼吸や心臓の動きを止めてしまうこともある。また、激しい痛みももたらす。

混合毒

ハチやクラゲなどがもつこの毒には、神経毒と出血毒の両方の成分がふくまれる。そのため、神経と細胞の両方に被害をあたえる。

食中毒

フグなどがもつ毒。この毒をもつ生きものを食べることで、体内に吸収される。体の機能をくるわせて、発熱や激しい下痢とはき気などをもたらす。

出血毒

ヘビの仲間がもつことの多い毒。生きものの体を形づくる細胞を溶かして、組織をこわしてしまう。血管の壁もこわしてしまい、血が止まらなくなることから、この名がつけられた。

粘膜を刺激する毒

カエルの粘液やスカンクの毒液は、目や口など、生きものの粘膜につくと、粘膜の成分を変質させて強い刺激をあたえる。

筋肉毒

出血毒の一種。注入された部分は、組織が死んでしまい、えぐられたように穴があいてしまう。一部のヘビなどがもつ。

この本の読み方

生きものの紹介

その生きものの生態や性質を紹介している。とくに注目すべきポイントは赤字でしめしている。

生きものの分類

その生きものが、5ページの分類のうちのどれにあてはまるかをしめしている。

生きものの名前

生きもののデータ

その生きものの大きさとおもな生息地、毒の強さやどれくらい攻撃的かをしめしている。

大きさは、生きものごとの平均を、毒の強さと攻撃性はそれぞれを5段階でしめした。

パンク町田の解説

生きものを知りつくした男、パンク町田による解説やコメント。

生きもののポイント

その生きもののとくに注目すべきポイントを紹介する。

生きもの生息地マップ

この本に出てくる生きもののおもな生息地を、地図で確認しよう。

北極海
ヨーロッパ
西アジア
中央アジア
北アメリカ
大西洋
南西諸島
太平洋
東南アジア
中央アメリカ
アフリカ
インド洋
南アメリカ
オーストラリア
ニュージーランド

本書には詳しい生態がわかっていない生きものも多く登場します。大きさやおもな生息地、生きもののデータは、本書刊行時点での研究成果にもとづいています。大きさは、生息環境のちがいや個体差によっても異なります。

第一章
森にひそむ毒（どく）

爬虫類

枯れ葉にひそむ暗殺者 ガブーンバイパー

体のもよう

体のまだらもようのおかげで、まわりに落ちている枯れ葉と見わけがつかない。

しずかな森に身をかくし、一瞬のすきをついて獲物を狩る――。まるで忍者のような毒ヘビがアフリカ大陸に存在する！ ガボンアダーともよばれるこのヘビの特ちょうは、なんといっても**世界一長い毒牙**。長さはなんと百獣の王、ライオンなみだという!! **体のもよう**は枯れ葉そっくりで、木の葉の下に身をかくして獲物に近づき、ネズミやリス、レイヨウのような大きな動物にまでおそいかかるのだ！

このヘビがもつ毒は出血毒とよばれ、血管の細胞や赤血球を破壊し、血を止まらなくするというおそろしい効果がある。この毒を、じまんの長い牙で獲物の体の奥深くまで注入するのだ。人間をおそうことは少ないが、万が一出くわしたときには、絶対に近づいてはいけない！

大きさ
全長1200～2000mm

おもな生息地
アフリカ中部

毒の強さ

攻撃性

世界一長い毒牙

牙は、世界中のすべてのヘビのなかで最長。獲物の体内深くまで毒を注入することができる。

パンク町田の有毒生物メモ

このガブーンバイパーや近い仲間のライノセラスアダーという毒ヘビは、獲物にかみつくと鎌首をもちあげ、宙づりにして獲物が死ぬのをまつのだ。ネズミなら、そうだねぇ、だいたい2分くらいで死んでしまうかな。

鼻先にある、ツノのような突起が特ちょうのライノセラスアダー。

マツゲハブ

舞いおりる黄金のハブ

頭の上から、とつぜん毒ヘビがおそいかかる！　中央アメリカと南アメリカの森林にすむマツゲハブは、木にのぼって獲物をまちぶせるヘビ。まつげのように見える**目の上の突起**が特ちょうだ。あいきょうのある外見に反して、牙の毒は強烈で、かまれた傷口には激痛が走るという。その痛みは、かまれた人が「ハンマーで小指を思いっきり打たれたようだ」とたとえるほど。
攻撃的な種類ではないが、絶対に人をおそわないという保証はないので、海外旅行などで中央アメリカや南アメリカの熱帯雨林を歩くときには、頭の上に気をつけよう。また、日が落ちたあとは地面で獲物をねらうこともあるので、足元にも注意をはらう必要がある。

大きさ
全長500〜800mm

おもな生息地
中央アメリカ、南アメリカ北西部

毒の強さ
2／5

攻撃性
3／5

パンク町田の有毒生物メモ

東南アジアのジャングルで、枝や葉とまちがえてアカオアオハブというマツゲハブとおなじ木の上でくらすハブをつかんでしまったことがある！もちろんかまれたさ!!傷口に焼け火箸をつっこまれたような痛みだった。

アカオアオハブと同属のヨロイハブ。強い出血毒をもち、かまれると危険。

目の上の突起

まつげのように見える目の上の突起は、うろこの一部が変化したもの。

頭上から毒へビがおそいかかる!?

爬虫類

無数のとげをもつ異形のヘビ
スパイニーブッシュバイパー

逆立つうろこ

うろこの一枚一枚が逆立って、とげのように見えることからその名がつけられた。

中央アフリカの熱帯雨林には、とげのようなうろこをもつ幻のヘビがいる!

クサリヘビというヘビの仲間なのだが、スパイニー(とげだらけ)という名前のとおり、**逆立つうろこ**を全身にまとう。そのすがたは、まるで中国に伝わる龍のようだ。牙には出血毒と、神経に

大きさ
全長600〜1500mm

おもな生息地
中央アフリカ

毒の強さ
3/5

攻撃性
3/5

多くのクサリヘビには、獲物にかみつくとすぐに放し、毒で死んだ獲物をあとから探しあてて食べる習性がある。でも、木の上でくらすクサリヘビは、獲物のあとを追うのがむずかしいので、獲物が死ぬまで放さないものが多いんだ。

沖縄などで見られるハブ。ハブもクサリヘビの仲間で、木にのぼることもある。

木にのぼる

長い体を使って木にのぼり、枝の上で獲物をまちうける。

直接作用する毒の2種類の猛毒をもっているので、そのおそろしさも倍増だ！

爬虫類好きの人たちからは高い人気を集めているが、**木にのぼる**毒ヘビということもあり、日本で飼う場合は特別な許可と設備が必要だ。過去には、このヘビをかってに飼育していた人が、あやまって街のなかに逃がしてしまい、大問題になったこともあるのだ。

爬虫類

2種類の毒のつかい手 ヤマカガシ

日本の古い言葉で「山のヘビ」を意味するヤマカガシは、毒どくしい見かけによらず、あまり攻撃的ではない。だが一度攻撃態勢に入れば、次の瞬間には、**口の奥にある毒牙**をむきだしにしておそいかかってくる！　毒の性質は出血毒で、傷口から血が止まらなくなってしまい、死んでしまうこともあるのだ！

さらに、エサであるヒキガエルのもつブフォトキシンという毒の成分を**首の毒腺（頸腺）**にたくわえ、いざというときには、この毒成分を敵の目をねらいふきかけることもある。この毒が目に入ると、目が見えなくなる場合もあるという。ヤマカガシは、自分にそなわった毒だけでなく、エサのもつ毒も使いこなす、ちゃっかり者の毒ヘビなのだ。

首の毒腺

首には、毒をたくわえる器官である毒腺があり、ここにヒキガエルから得た毒をためておく。

大きさ

全長700～1500mm

おもな生息地

日本（本州、四国、九州）

毒の強さ

攻撃性

獲物の毒さえ武器にする!!

口の奥にある毒牙

毒牙にそなえた出血毒は、毒腺にたくわえているものとは、毒の成分がことなる。

パンク町田の有毒生物メモ

ヤマカガシは、後牙類とよばれる毒の注入システムをもつ毒ヘビで、上あごの後方に毒牙がある。そのため、マムシやハブとちがい、奥歯でグイッとかみつかなければ相手に毒を送りこめないのだ。

牙からしぼりとられたヘビの毒液。

コブラモドキ

トラの威をかる"ヘビ"

首のまわりをフードのように広げ、獲物に牙をつきたてるコブラは、毒ヘビの代名詞といえるほど有名だ。そんなコブラの猛毒にあやかろうというのだろうか、南アメリカには、**コブラのマネ**をする毒ヘビがいるという。

そのヘビの名前はコブラモドキ。コブラほど強

大きさ
全長1800〜2100mm

おもな生息地
南アメリカ中部

毒の強さ

攻撃性

パンク町田の有毒生物メモ

以前飼育していた2.5メートルほどのオオコブラモドキが、5キロもあるオスのニワトリにかみついた。それからほんの1、2分でニワトリは動けなくなり、数分後には死んでいた。人間への作用がよわいだけで、こいつの毒もあなどれないぞ。

首のまわりを大きく広げる、パンク町田の飼っていたオオコブラモドキ。

コブラのマネ

首のまわりの骨を、強力な筋肉を使って動かすことで、首をコブラそっくりに広げることができる。

い毒性はなく、おとなしい性質もあってペットとして愛好する人も多い。

しかし、いくらコブラほどではないとはいえ、毒ヘビであることにかわりはない！　長時間かまれると大量の毒が注入され、深刻なダメージをおうこともある。

コブラそっくりのこの毒ヘビが逃げだせば、ご近所がパニックになるのも確実。かるい気もちで飼ってはいけないのだ。

爬虫類

竜の名をもつトカゲ ハナブトオオトカゲ

赤道直下に浮かんだ秘境の島、パプアニューギニアには、パプアドラゴンとよばれる巨大トカゲの伝説がある！ 10メートルをこえるとされるそのドラゴンの正体こそ、このハナブトオオトカゲではないかといわれているのだ！

木の上でくらすこのトカゲは最大2・7メートト

大きさ
全長2000～2700mm

おもな生息地
パプアニューギニア

毒の強さ
？？？？？

攻撃性

ルにもなる。伝説ほど大きくはないが、それでも世界で2番目の全長をもつ種として知られる。**するどいかぎ爪**をもち非常にどう猛で、近づくものには木の上から尾や牙で攻撃することから、英語ではクロコダイルツリーモニター（木の上のクロコダイルオオトカゲ）ともよばれる。

最近の研究で、このトカゲも**毒をもつ**ことがあらたに判明したのだ。

こいつの毒は、ガブーンバイパー（10ページ）などの毒とおなじように赤血球を破壊するとみられる。じっさいにこいつにかまれたオレの友だちは、救急搬送されて7針以上縫ったんだが、ひどく血圧が低下したうえ、めまいや立ちくらみ、はき気をもよおしたぞ！

大きくひらく口。あごの力も強く、かまれると牙によるけがと毒というふたつの被害をうける。

するどいかぎ爪
獲物をおさえつけるするどい爪は、木にのぼるためにも活用される。

両生類

伝説の霊獣のモデル!?

マダラサラマンドラ

ヨーロッパに伝わる霊獣サラマンダー。火をつかさどるとされ、「火トカゲ」ともよばれるこの霊獣が、ほんとうにいた!?

マダラサラマンドラは、黒い皮ふに**炎のようなもよう**をもつ、イモリの仲間。天敵におそわれると目のうしろにある耳腺と背中にある毒腺から、**毒液を噴射**して身を守るのだ! マダラサラマンドラにはファイアサラマンダーという別名もある。ときには2メートル近くとぶという毒液が、伝説の火トカゲがはく炎を連想させたのかもしれない。古代ヨーロッパでは、ひんやりとした皮ふをもつマダラサラマンドラは、炎のなかでも生きる"炎の化身"だと信じられていたともいう。

大きさ
全長180～280mm

おもな生息地
ヨーロッパ、アフリカ北西部、西アジア

毒の強さ

攻撃性

サラマンダーは、トカゲやヘビのようなすがたをし、火のなかにすむという伝説上の生きもの。カエルとおなじ両生類のマダラサラマンドラは、じっさいにいる生きもの。幼生のころは、火ではなく水のなかでくらすのだ。

14世紀の本にえがかれた、伝説上の生きものサラマンダーの絵。

炎のごとき毒の噴射!!

毒液を噴射

耳腺と毒腺とよばれる毒をたくわえておく器官がふたつあり、それらの器官から毒の体液を放つ。

炎のようなもよう

あざやかな体のもようは、個体によって少しずつ形がちがい、すんでいる環境によって色も変化する。

先住民族の必殺兵器
コバルトヤドクガエル

生体濃縮
エサからとりいれられた毒は、体内にためこまれることで少しずつ濃くなっていく。

アマゾンには、地域によって色や大きさのちがう、美しい猛毒ガエルたちがいる！

神秘的な青色をしたコバルトヤドクガエルは、南アメリカのスリナム共和国に生息する猛毒ガエル。その毒は、エサとなるダニやアリのもつ毒素を体内に効率的にたくわえていく「**生体濃縮**」に

大きさ
体長30〜45mm

おもな生息地
スリナム共和国

毒の強さ

攻撃性

パンク町田の有毒生物メモ

ヤドクガエルの仲間で、最強の毒バトラコトキシンをもつモウドクフキヤガエルは、コロンビアの先住民族エンベラ族の秘密兵器だった!?

その毒の強さは、猛毒である青酸カリの2000倍ともいわれているんだ！

モウドクフキヤガエル。毒は、コバルトヤドクガエルとおなじように、矢にぬって使われた。

死を運ぶ森の妖精

よって得ている。

これに目をつけた現地の人びとは、ヤドクガエルをあぶって毒を抽出し、毒矢をつくる技術をあみだした！　毒矢につらぬかれると傷口から全身に麻痺が広がり、やがて死にいたるという。

このカエル、なんとペットとしても人気で、ペット用に育てられたヤドクガエルは、ダニやアリを食べていないため毒をもたないという！

両生類

幻を見せる危険なカエル
コロラドリバーヒキガエル

アメリカで2番目に大きいといわれるコロラドリバーヒキガエルは、一見すると、体の大きさ以外には、あまり特ちょうのない緑色のヒキガエル。だが、このカエルにはとんでもない秘密がかくされている。

カエルが見せるのは悪夢？ それとも――!?

じつは強力な毒をもっていて、天敵におそわれると毒液を分泌して身を守る。しかも、この毒液には**強烈な幻覚成分**がふくまれ、幻覚を見せる危険な薬物の材料になってしまうのだ！

そのため、アメリカの一部ではその薬物をつくるのはもちろん、材料となる毒液、さらにはこのカエル自体をもっているだけで逮捕されることもあるという！ 日本ではもっていること自体は違法ではないが、だからといって、絶対に毒の効果を試そうとしてはいけない!!

大きさ
体長100〜190mm

おもな生息地
アメリカ南部、メキシコ北部

毒の強さ
☠☠☠☠☠

攻撃性

強烈な幻覚成分

ほかのカエルやイモリなどとおなじように耳腺に毒液をたくわえる。体が大きい分、たくわえる毒の量も多い。

パンク町田の有毒生物メモ

このカエルの毒にふくまれるブフォテニンが、幻覚作用をひきおこす主成分。アメリカの先住民族たちはこのカエルの毒を儀式や娯楽のために、伝統的に利用してきたのだよ。タバコやお酒とおなじようにね。

日本の田んぼなどでも見られるヒキガエルも、ブフォテニンをもつ。

両生類

キュートな毒ガエル
ジュウジメドクアマガエル

ジュウジメドクアマガエルは、瞳のまわりの**黒い十字もよう**が特ちょうの毒ガエルだ。

英語ではミルキーフロッグともよばれ、その由来は、皮ふから牛乳のような**白い粘液を出す**こと。この粘液こそが毒液であり、触れた部分が炎症をおこすこともあるという。毒の強さはまだ研究の途中だが、細胞を破壊する成分がふくまれていると考えられている。

カエル好きのあいだでは非常に人気のある種類で、日本ではこのカエルの仲間のもようが、腕時計のデザインに使われたこともある。毒だけでなく、見た目の愛らしさと人気も、ジュウジメドクアマガエルの「武器」なのかもしれない。

大きさ
体長55～80mm

おもな生息地
南アメリカ

毒の強さ
2/5

攻撃性
1/5

パンク町田の有毒生物メモ

じつは、ほとんどすべてのカエルの粘液には毒があるのだ。この毒は、ヒトやイヌ、ネコ、ヘビなどから身を守るためではなく、毛やうろこでおおわれていない皮ふを、バクテリアや真菌から守るためのものなんだ。

毛づくろいをするサル。はえた毛は、寒さのほかに、菌から体を守る役割もある。

危険な毒ミルクをしぼりだす――！
黒い十字もよう
生息する地域によって体の色はかわるが、この十字もようはかわらない。
白い粘液を出す
毒の粘液は、危険を感じたときなどに皮ふの表面からにじみでる。

哺乳類

暗闇に舞う吸血鬼 チスイコウモリ

洞窟の暗闇を支配するチスイコウモリは、家畜はもちろん、人間をもおそう。

このコウモリは人や獣の血をエサにしているため、動物の体内から血をとりだすのにぴったりな体に進化した。まず、かみそりのような牙で獲物の皮ふをいともかんたんに切りさく。そして、だ

大きさ

体長50〜80mm

おもな生息地

南アメリカ、ヨーロッパ、アフリカ

毒の強さ

攻撃性

ひそやかに血をうばう！

液にふくまれる成分が、ある種のヘビの毒とおなじように血液がかたまるのをふせぐのだ。その結果、ふつうに出血した場合よりも長時間、**血液が流れつづける**ようになるという！

さらに危険なのは、チスイコウモリが狂犬病をはじめとした、多くの**伝染病をもつ**可能性があること！ かまれた傷から、思いもよらないウイルスに感染しかねないのだ。

伝染病をもつ

するどい牙で獲物の体に傷をつけることで、だ液といっしょに、さまざまなウイルスも獲物の体内に送りこむ。

チスイコウモリの前歯はとても薄く、外科手術用のメスのような切れ味なので、皮ふをかみきられても、ほとんど気づくことはないという。

“チスイ”コウモリという名前だけど、じっさいには血を吸いとっているのではなく、なめとっているだけなんだ。

チスイコウモリの口のなか。するどい前歯で獲物の皮ふをかみきる。

哺乳類

ふれると命をうばわれる

スローロリス

東南アジアの森林にすむスローロリスは、名前に〝スロー〟とつくとおり、動きのおそいサル。それではすぐにほかの肉食動物のえじきになってしまうかと思いきや、意外な武器を使って天敵を撃退していた！

スローロリスの武器は、体から出る分泌液。この体液は独特のにおいがするので、敵をよせつけないのだ。さらに、分泌液を自分のだ液とまぜあわせることで、**だ液を毒化**させることができるのだ！　においで追いはらうことができない敵には、**器用な指**を使ってこの毒をぬりつけた牙や全身で、反撃する。毒の成分は不明だが威力は強く、人間が死亡した例もあるという。

このサルは、動きのおそさを、強力な毒でおぎなっているのだ。

だ液を毒化

だ液を変化させた毒を体毛にぬりつけて毒のよろいにする。母親が子どもにぬってやることも。

大きさ

体長265〜380mm

おもな生息地

東南アジア

毒の強さ

攻撃性

器用な指

木の上でくらすために枝をしっかりとつかめるよう進化している。体に毒をぬりつけるときにも指の器用さがいかされる。

パンク町田の有毒生物 

昔の人たちは、スローロリスをナマケモノの仲間だと考えた。ナマケモノは大きくわけると、手の爪が3本のものと2本のものがいるが、スローロリスは昔「イツツユビナマケモノ」とよばれたこともある。

じっさいにはスローロリスはサルの仲間。そりゃ手に指は5本だよね。

2本の爪をもつフタツユビナマケモノの仲間。爪は、木の枝にひっかけるときなどに使う。

哺乳類

ハイチソレノドン

“溝のある歯”の秘密

大きさ
体長280～330mm

おもな生息地
ハイチ共和国

毒の強さ

攻撃性

カリブ海に浮かぶ、ハイチ共和国のイスパニョーラ島。ここにすむ珍獣、ハイチソレノドンは大きなモグラの仲間だ。名前の由来は「溝のある歯」という意味で、その名のとおり大きく発達した下あごの牙に深い溝がある。

その**牙の根元に毒腺**があり、牙の溝をつたって毒を注入することができる。これを利用してトカゲやカエル、鳥などを麻痺させてえじきにしたり、ソレノドン同士の戦いで使ったりするという。また、毒以外にも腋の下から悪臭を放つ液を分泌して、天敵から逃れる行動をとるのも特ちょうだ。

かつては熱帯雨林で平和にくらしていたが、人間がもちこんだイヌやネコに食べられたり、ネズミにエサをうばわれたりしたことで、現在は大きく数がへっている。

牙の溝は毒の通り道！

牙の根元に毒腺

下あごの牙の根元にある毒をためる器官から、溝をつたって牙の先端まで毒が送られる。

パンク町田の有毒生物メモ

ソレノドンは、生きた化石ともよばれ、1万年以上も前からほとんどすがたや生活様式をかえていない哺乳類だ。

われわれ人類よりもずっと起源が古い大先輩、ということになるのだ。

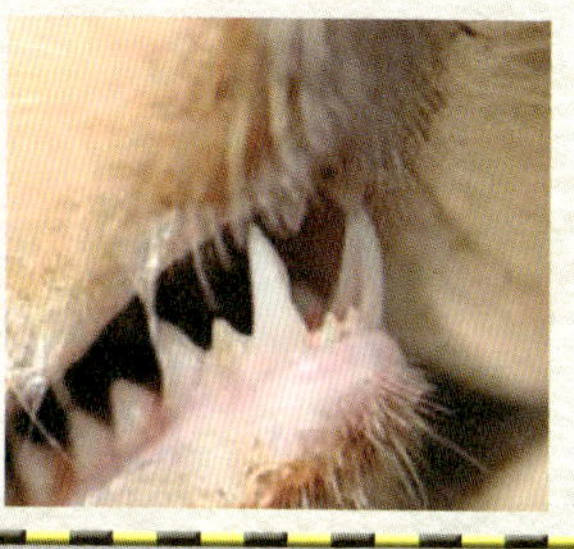

ソレノドンの下あごにはえた牙。牙の内側がくぼんで溝になっている。

鳥類

発見！ 幻の毒鳥
ズグロモリモズ

600年以上昔の日本で書かれた『太平記』という物語に「鴆」という毒鳥が登場する。だが、当時から近年まで、どの国でも毒をもつ鳥は発見されておらず、「毒鳥」はあくまでも伝説上の生きものだと思われてきた。しかし1990年、シカゴ大学の調査員がニューギニアで幻の毒鳥を発見したというニュースが世界中をかけめぐった！ これがズグロモリモズである。

この鳥は羽毛と皮ふにヤドクガエルの毒とおなじ神経毒をもち、**毒の羽毛**はふれただけでも痺れることがあるという。この毒はエサのジョウカイモドキ科の甲虫がもっている毒素に由来するが、くわしい生態はまだ解明されていないため、いまなお研究がつづいている。

大きさ
全長180〜200mm

おもな生息地
パプアニューギニア

毒の強さ
？？？？？

攻撃性
？？？？？

パンク町田の有毒生物メモ

この鳥がもつ毒の主成分、ホモバトラコトキシンは、生きもののもつ毒のなかでは最強の部類。わずか1グラムで人間の大人10万人を殺せるほど強力だ。ニューギニアのジャングルでは、そんな毒鳥が毎日、自由に空をとびまわっているのだよ。

うっそうと木がしげるジャングルのようす。

さわるだけで
毒におかされる——!?
毒の羽毛
羽毛と、その下の皮ふに強力な毒があり、動物の筋肉や神経のはたらきを麻痺させる。

昆虫

太古からうけつがれる毒針 パラポネラアリ

ブラジルの先住民族であるフーベイ族には、大人としてみとめられるための儀式がある。それは無数のアリがうごめく袋のなかに手を入れるというもの。しかも、袋のなかのアリはただのアリではなく、**するどい牙**と**毒針**をあわせもつパラポネラアリなのだ！「弾丸アリ」ともよばれ

大きさ
体長20〜25mm

おもな生息地
南アメリカ

毒の強さ

攻撃性

パンク町田の有毒生物メモ

じつはオレ、アマゾンのジャングルで、このアリに刺されたことがあるのだ。むきだしになった木の太い根の上を、それはそれは大きなアリが歩いていたので思わずつかんでしまったのだ。

その痛さときたらハチなんてもんじゃない!!　痛かったよー！

正面から見たパラポネラアリの牙。牙の被害も、毒針におとらずおそろしい。

毒針
アリの祖先はハチの仲間だった。そのため、昔の特ちょうをのこす種のアリは、腹部に毒針をもっている。

るパラポネラアリの毒は、その名のとおり銃で撃たれたかのような激痛を相手にあたえる。傷口を焼かれるような、想像を絶する痛みが24時間以上もつづくのだ。フーベイ族の若者たちはこの激痛にたえる試練をのりこえて、はじめて一人前とみとめられるのだ。

また、このアリは腹の関節をこすりあわせて、「ギィー!」という不気味な音を鳴らすという。

昆虫

ジバクアリ

体内にひめた最後の切り札

1974年。マレーシアで奇妙なアリが発見された。なんとこのアリは巣を守るために自爆するという!?

自爆するのはおもに働きアリで、クモなどの天敵に巣をおそわれると腹筋を使って自分の体の一部を破裂させ、**蟻酸という体液**をぶちまけるのだ！

大きさ
体長5mm

おもな生息地
マレーシア、ブルネイ

毒の強さ
💀💀💀💀💀

攻撃性
🗡🗡🗡🗡🗡

有毒生物メモ

自爆して敵をたおすことには大きな意味がある。社会性をもつ昆虫の多くは、一匹一匹の生命という単位ではなく、ともにくらす巣の全員（コロニー）をひとつの単位として組織されている。

自爆は、「トカゲの尻尾切り」のように、一部を犠牲にして全体を守るための行為なんだ。

敵を攻撃するジバクアリ（左）。蟻酸のために、腹の先が黄色く見える。

体液をあびせられた敵は、蟻酸の成分によって体が腐っていく。さらに、体液はのりのような粘着性をもっていて、敵の動きを封じこむこともできる。

自爆による攻撃は敵にとっては大きな脅威になるが、当然ながら自爆したジバクアリは死んでしまう。そのため、ほんとうに巣が危なくなったときにだけ使う、最終手段なのだ。

昆虫

ハリブトシリアゲアリ

サソリを思わせる必殺の一撃

大きさ
体長2～3.5mm

おもな生息地
日本全国

毒の強さ

攻撃性

まるでサソリのように、**腹部の毒針**をもちあげるアリがいる。獲物となる昆虫をねらって針をつきさし、はなれた獲物には毒液をふきかける。小さな世界のハンターだ。

必殺のかまえでねらいをさだめる！

アリは地面に穴をほって巣をつくることが多いが、このアリは木に巣をつくるのが特ちょう。木の皮のすき間や枝や幹の腐った部分に巣をつくり、アブラムシの分泌液や花の蜜などをエサにしている。

人間の命をおびやかすようなアリではないが、毒針に刺されれば当然ながら痛い。また、毒液が目に入ると大変危険なので、もし出くわすことがあったら、じゅうぶん気をつけながら観察したほうがいいだろう。

腹部の毒針

腹部を大きくそらして毒針をつきだし、獲物を攻撃する。毒針をつきだすのとおなじ腹の先から、毒液を放つこともできる。

パンク町田の有毒生物メモ

木の上に巣をつくる習性をもつ生きものはけっこう多く、ハリブトシリアゲアリはまさにこれ。朽木などのやわらかくなった木は巣づくりにむいているため、古い木造の民家などは格好の標的だ。柱や梁、土台などを穴だらけにされてしまうんだ。

木の上でくらすアリの一種、ツムギアリ。木の葉を使って巣をつくる。

昆虫

ドクガ

親からゆずりうける毒の毛皮

林や森を歩いたあとに、肌に赤いぶつぶつがあらわれ、強烈なかゆみにおそわれる――。こんな症状が出たとしたら、それはドクガのしわざにちがいない！

ドクガの幼虫には、**毒針毛**という細かな有毒の毛が何十万本もはえている。葉っぱの裏にひそむ幼虫だけではなく、成虫もびっしりと毒針毛をはやしていて、気づかずにさわってかぶれてしまうことがあるのだ。

毛の毒はドクガが死んでも消えない。乾燥した死がいがバラバラになって風にとばされて、ほしてある洗濯物につき、それが原因でかゆみが出ることもある。かぶれが悪化した場合は治療に1か月以上かかることもあるので、注意しなくてはいけない。

パンク町田の有毒生物メモ

卵からうまれたばかりのドクガの幼虫も毒針毛をもっているが、じつはこの毒針毛は卵をうんだ母親からゆずりうけたもの。幼虫自身がうまれつきもつ毒針毛ではない。さらに孵化する前の卵にも、母親からゆずりうけた毒針毛があり、これによって守られているのだ。

ドクガの仲間の幼虫。体中に毒針毛をもつ。

大きさ
体長28～37mm

おもな生息地
日本全国

毒の強さ

攻撃性

毒針毛

体中が無数の毒針毛でおおわれている。この一本一本が毒をもつ。

たとえ死んでも毒をばらまく!?

昆虫

災いをよぶ殺人毛虫 ベネズエラヤママユガ

傷口からの出血が止まらなくなるだけではなく、内臓出血や脳内出血をもひきおこし、腎臓を破壊して人を死にいたらしめる!

かつて南アメリカのブラジルでは、こんな身の毛もよだつ、悪魔のような虫が大発生し、多くの人がその猛毒の犠牲になった。大発生した悪魔の

大きさ
体長30〜50mm

おもな生息地
南アメリカ

毒の強さ

攻撃性

パンク町田の有毒生物メモ

なぜベネズエラヤママユガによる被害があとを絶たないかというと、被害をうける人の多くが、猛毒をもつこの毛虫のことを知らない旅行者だからだ。

つまり旅行者にとって、殺人毛虫はUMAといってもいいすぎではない状態なのだ。

いっぽう、このUMA的存在であった殺人毛虫の猛毒が、病気をふせぐための研究に役立てられているのだ。血管がつまって血の流れが悪くなってしまう血栓症という病気がそれだ。

正体は、いかにも毒どくしい外見をしたベネズエラヤママユガの幼虫。ドクガ（44ページ）やイラガ（182ページ）とおなじ鱗翅類の昆虫で、その**あまりに凶悪な毒**のために「殺人毛虫」ともよばれているのだ！

近年になり、ようやく血清がつくられるようになったため、以前より死亡事故はへっているが、この毒虫の被害はあとを絶たないという。

昆虫

ツマベニチョウ

幸せをよぶ猛毒チョウ

昔の人はいった。「きれいな花には毒がある」と――。

ツマベニチョウは、シロチョウという種類のチョウのなかでは世界最大級で、沖縄では「幸せをよぶチョウ」ともよばれている。

しかし、2012年にオーストリアのある研究チームがおどろくべき研究結果を報告した。なんとフィリピンやインドネシア、マレーシアで採取されたツマベニチョウの羽や幼虫の体液から、人を死にいたらしめるほどの**神経毒**を発見したというのだ!!

ただ、ツマベニチョウの猛毒は、鳥やトカゲといった敵に食べられないための防衛手段だと考えられていて、人間がこの毒によって被害をうけたという事件はまだ報告されていない。

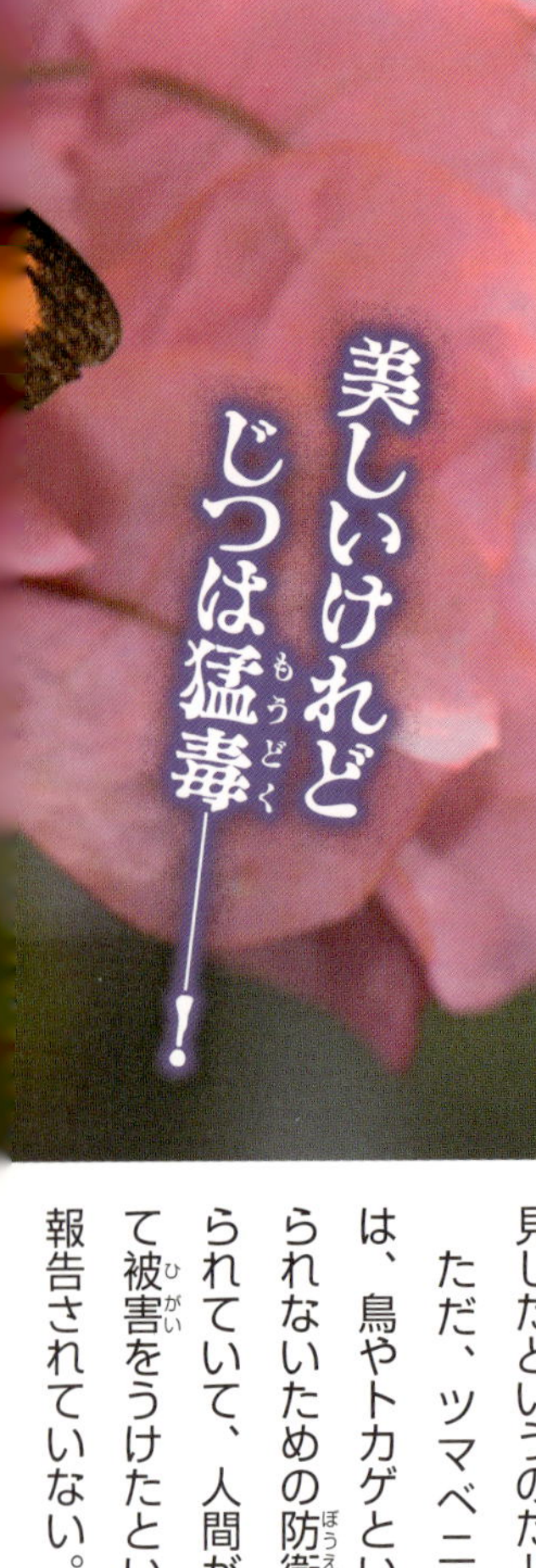

大きさ
開帳85～100mm

おもな生息地
日本、東南アジア

毒の強さ

攻撃性

神経毒

基本的には、食べるなどして体内に入れなければ危険はないといわれている。

パンク町田の有毒生物 メモ

空を舞うツマベニチョウのもつ毒は、海のなかにいるイモガイ類がもつコノトキシンという生物毒によく似ている。

しかしコノトキシンは、イモガイ類の種類によって使い方や獲物へのきき方がちがうんだ。

ツマベニチョウの毒も、どのような作用をひきおこすかは、環境によってかわると考えられているけど、まだまだ研究の途中で、くわしいことは謎につつまれているのだよ。

その他の節足動物

ケタちがいの巨大グモ

ルブロンオオツチグモ

大きさ
体長100〜300mm

おもな生息地
南アメリカ

毒の強さ

攻撃性

体長30センチにまで成長するという超巨大毒グモがいる！ キリスト教の聖書のなかに登場する大男、ゴライアス（ゴリアテ）のように巨大で、鳥まで食べるといわれ、英語ではゴライアスバードイーター（鳥食いゴリアテ）ともよばれている。

性質は非常に凶暴で攻撃的。牙の毒はあまり強くないが、**牙そのものが巨大**なので、かまれると大けがをする危険がある。また、危険を感じると腹部にはえる**刺激毛**という毛をとばしてくる。これが目に入ったりすると失明しかねないという。

世界最大の毒グモということで、生息するアマゾンでもおそれられている……と思いきや、なんと現地では貴重な栄養源として焼いて食べることもあるのだ！

このクモ――大きすぎるっ!!

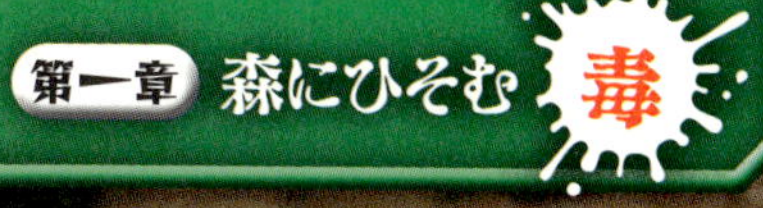

刺激毛

自分に危険がせまると、脚をつかって腹部の毛をとばして攻撃する。細かい毛なので、人に刺さるとぬくのがむずかしい。

牙そのものが巨大

クモなどの大きな牙を鋏角といい、一部の鋏角は、内部に空洞があり、そこに毒をためられる。

パンク町田の 有毒生物 

ルブロンオオツチグモに手をかまれたことがあるが、そうとうはれあがり、2週間以上痛みと違和感がのこった。このクモの毒牙は、鋏角といって、人間の爪を貫通するほどの威力をもっているのだ。

するどく長いクモの鋏角。

その他の節足動物

謎をひめた殺人者 シドニージョウゴグモ

かまれたら確実に命はない……!

最強クラスの神経毒

世界一強いといわれる神経毒は、心臓にショックをあたえ、呼吸をつかさどる神経も麻痺させる。

すべてのクモのなかで最強クラスの神経毒で人間さえ一撃で殺す、悪魔のような毒グモが、オーストラリアに生息しているという!

シドニージョウゴグモはゴケグモとよばれる猛毒グモの仲間で、人家にも侵入してくるおそろしいクモだ。毒牙のえじきになったが最後、子ども

大きさ
体長7〜30mm

おもな生息地
オーストラリア

毒の強さ

攻撃性

パンク町田の有毒生物メモ

　このクモの猛毒には、霊長類にだけ深刻なダメージをあたえる成分がふくまれる。これが不思議なのだ。人類（霊長類）がオーストラリアに到達したのはせいぜい5万年前。シドニージョウゴグモよりもずっとあとだ。このクモはなぜ、霊長類のいない大陸で霊長類をたおせるほどの毒を得る必要があったのだろうか？

エアーズロックが有名なオーストラリアには、人類がやってくるまで霊長類は生息していなかった。

なら15分から1時間、たとえ大人でも30時間以内には窒息死してしまう。

　このクモは、ひとつひとつ役割のちがう何種類もの毒成分を、獲物によって使いわけることで知られている。

　その毒成分のなかには、サルや人間といった霊長類にとっては非常に危険でも、エサとなる昆虫にはまったく効果がないものもあるというから不思議だ。

その他の節足動物

高速でせまるトラ柄猛毒グモ
インディアンオーナメンタルスパイダー

超スピードで獲物にせまり、**牙の猛毒**でたおす——。まるで暗殺者のように人や獣を殺すインディアンオーナメンタルスパイダーは、インドやスリランカにすむタランチュラの仲間。特ちょう的な体のしまもようから「タイガースパイダー」ともよばれている。昆虫だけではなく、マウスなどもエサとする肉食性で、性質は非常に凶暴だ。

体の美しいしまもようから愛好家が多く、動物園だけでなく一般家庭でも飼われていることがある。飼われているとはいえ、凶暴性や毒性、**驚異的なすばやさ**は野生のものとかわらない。もしも脱走した場合は、大事故につながることだろう。

大きさ
体長50～100mm

おもな生息地
インド

毒の強さ
☠☠☠☠☠

攻撃性
🗡🗡🗡🗡🗡

パンク町田の有毒生物メモ

木の上でくらすクモとしては世界最大級で、その毒もオオツチグモ科（タランチュラ）のなかで最強ともいわれるほどだ。そいつが高速で移動し、近距離であれば木から木へジャンプするほどのすさまじい機動力をもつのだからたまらない！

ペットショップで売られているインディアンオーナメンタルスパイダー。

すばやい動きで獲物をしとめる！
牙の猛毒
鋏角に毒をそなえている。ペットとして飼っていた人がかまれた例もある。
驚異的なすばやさ
高速移動を可能にする脚力は、木の上を移動するときにも発揮される。特ちょう的なしまもようは、全身におよぶ。

その他の節足動物

王の名にはじない迫力
ダイオウサソリ

尾に毒針をもち、人をおそう――。ギリシャ神話では英雄オリオンをも殺したと伝えられる有毒生物の代表格サソリ。そんなサソリの仲間に「大王」の名をもつ超大型種が存在している。

ダイオウサソリは熱帯雨林にすむ大型サソリで、体長は野生のもので10センチから17センチもあり、人がそだてた個体は、最大で40センチにもなったという。こんなサソリに出くわしてしまったら命はないと思うだろうが、じつは見かけによらず毒性はそれほど強くなく、刺されても、かゆくなる程度だともいわれる。

いっぽう、**巨大なはさみ**はとても危険で、指をはさまれたりしたら、確実に血まみれになってしまうだろう！

パンク町田の有毒生物メモ

オレはサソリのはさみにはさまれたくらいでひるむほどヘナチョコではない。毒性がよわいといっても、あるデータによると、人間が刺された場合の死亡率は2パーセントにのぼるという。50人にひとりは死ぬ計算だ。それを考えたら、はさまれるくらいなんでもない！

少し小型のダイオウサソリと、パンク町田。

大きさ
体長100～170mm

おもな生息地
アフリカ

毒の強さ

攻撃性

巨大なはさみと毒針で
危険は2倍以上に!?
尾に毒針
尾の先に毒針をもち、これを獲物にうちこんで、体の自由をうばう。
巨大なはさみ
はさむ力が強いため、子どもの指がはさまれた場合、出血だけではすまない可能性もある。

その他の節足動物

ヘビをも食らう大ムカデ ペルビアンジャイアントオオムカデ

あごの力

ムカデは、いちばん前の肢を、かみつくためのあごとして使う。その力は強く、飼育用の網までかみちぎってしまったという報告もある。

コウモリをもおそうグロテスクな大ムカデがいる。体長30センチをこえ、猛毒の脅威を物語るかのような真っ赤な体のペルビアンジャイアントオオムカデだ。このムカデは、コウモリのほかにも昆虫やトカゲにカエル、小鳥やヘビまでエサにするという！　**あごの力**はムカデのな

大きさ
体長200～300mm

おもな生息地
南アメリカ

毒の強さ

攻撃性

これまで生物の進化と分類について考えるときには、ムカデは、ミミズなどの環形動物と昆虫とのあいだをつなぐ種類ではないかといわれてきた。しかし、最近の研究では、昆虫はムカデよりもカニなどの甲殻類に近いということがわかってきた。

陸上にすむ甲殻類の一種、ワラジムシの仲間。

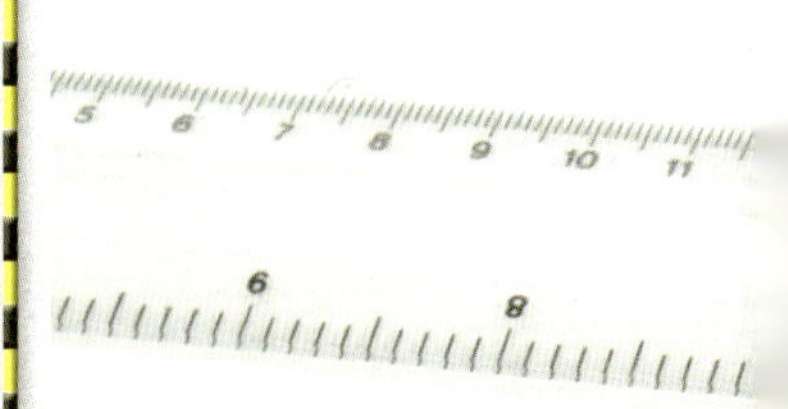

かでも最強クラスで、プラスチックの板程度ならやすやすとかみくだくことができる。毒の強さはくわしくはわかっていないが、日本にいるサイズのものでも、かまれたら傷口の組織が死んでしまう可能性がある。だとすれば、こんなに大きいムカデにかまれたら……。

生命力が強いことでも知られていて、胴体を割られてもしばらくは生きているという。

不気味な
森の掃除屋さん
毒液を分泌
無数にわかれた体の節ひとつひとつからオレンジ色の毒液がにじみでて、外敵をしりぞける。

その他の節足動物

悪臭を放つ大益虫

タンザニアオオヤスデ

黒いよろいに身をつつんだかのようなすがたの巨大ヤスデ、タンザニアオオヤスデは、体長30センチにもなる世界一大きなヤスデだ。

おそろしげな外見に反して、じつは動物の死体などを食べて**森を掃除する**生きもの。性質はおとなしく、ペルビアンジャイアントオオムカデ（58

大きさ
体長200〜300mm

おもな生息地
アフリカ

毒の強さ

攻撃性

「唇が焼ける～!!」
　オレはこのヤスデをかるくかんでみたことがある。口のなかに、なにやら苦くてヒリヒリするものがジュワーッと流れこむ。
「ヤバ！　毒液だぁ～。ヒィ～」
　口のなかはヒリヒリ。唇が溶けだしてしまったぞ。

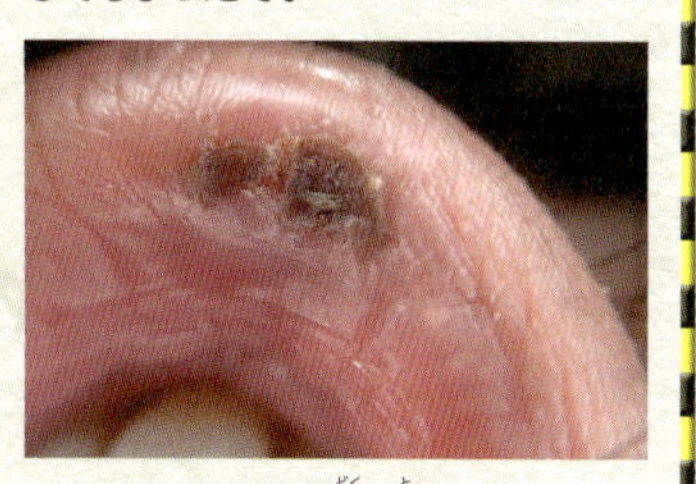

タンザニアオオヤスデの毒で溶かされた、パンク町田の唇。絶対にまねをしないように！

森を掃除する

ミミズなどとおなじように、自然界ではほかの動物の死体を食べて環境をととのえる益虫。

ページ）のようにおそってくることもない。しかし、うっかりふんでしまうと、体の節と節のあいだから悪臭を放つオレンジ色の**毒液を分泌**する。この毒液は動物の粘膜を刺激して細胞をこわし、人の唇くらいなら溶かしてしまうのだ。
　おそろしい外見と危険な毒液をもつヤスデだがクルリとまるまったすがたを見て、かわいらしいと思う人もいるとか!?

正体不明の新種ヤスデ
ショッキングピンクドラゴンミリピード

大きさ
体長？？？？？

おもな生息地
タイ

毒の強さ
？？？？？

攻撃性
？？？？？

2007年、タイで、おどろくべき新種のヤスデが発見された。その新種のヤスデ、ショッキングピンクドラゴンミリピードは、名前のとおり、全身があざやかなピンク色をしていたのだ!!

なぜこんなにハデな色をしているかはわかっていないが、自分が危険な存在だと周囲にアピールしているのだという説が有力。じっさい、このヤスデが敵に出くわすと、刺激臭のする**毒液を出す**という報告もある。毒の強さも研究されはじめたばかりだが、ネズミくらいの小動物なら、かんたんに殺せるほど強力だという。

あざやかすぎるヤスデの**謎につつまれた生態**は、今後の調査により、少しずつあきらかになっていくだろう。

パンク町田の有毒生物メモ

体の形からして、細菌か、真菌に分解された植物を食べている可能性は高そうだ。動物の飼い方を解明することは、その動物を保護するときにどのような条件や環境が必要かを知るために、かかせない。

これはぜひ一度飼育してみたい毒虫ですな！

一般的なヤスデの仲間。地面にまぎれやすいように地味な色をしている。

あまりにもドハデすぎる幻のヤスデ!!

毒液を出す

タンザニアオオヤスデ(60ページ)とおなじように、体の節から毒液を出す。毒の強さはタンザニアオオヤスデとはくらべものにならないほど強い。

謎につつまれた生態

発見されたばかりで、生態の大部分が謎につつまれている。世界中の生物学者に注目されている。

毒のある生きものになりすます「擬態」

擬態とは、生きものの色や形が、別の生きものや石などのものに似ること。このおかげで、敵や獲物から見つかりにくくなる。

この擬態のなかには、毒のない生きものが毒のある生きものそっくりの色や形になったり、行動をまねたりして敵をとおざける、ベイツ型擬態とよばれるものがある。ベイツ型擬態をする生きもののなかでも風がわりなのは、アカオパイプヘビだろう。かれらは、猛毒をもつコブラが鎌首をもちあげたすがたそっくりに擬態するのだ。

中国やインドネシアなどに生息するアカオパイプヘビ。

しかし、アカオパイプヘビの鎌首には目がない。口もないし、鼻の穴もない……。じつはこの鎌首、本当の首ではなく、おしりなのだ！　大切な頭を守るため、多少傷ついても死ぬことはないおしりを使って、頭に見せかけているのだ。

さらに、このおしりの先を相手につきだし、コブラがかみつこうとするしぐさをまねておどしてくる。

おしりから毒が出るわけではないので、危険はないが、不気味な擬態だ。

危険がせまると、尾をもちあげてコブラの頭に見せかける。

第二章
川・池でまちうける毒

両生類

ブチイモリ

赤くて危険な小さいイモリ

小さいからってなめちゃいけないぞ！

ブチイモリは、カナダやアメリカではもっともポピュラーな種類のイモリだ。レッドエフトとよばれる子どものときには陸上でくらし、成長すると池や小川などでくらすようになる。

一部の生物がもつハデな体色を**警戒色**といい、敵に自分が毒をもつことをアピールして、身を守

大きさ
全長60〜110mm

おもな生息地
北アメリカ

毒の強さ

攻撃性

パンク町田の有毒生物メモ

レッドエフトとアカサンショウウオのように、毒をもつ生物を毒のない生物がまねることを、ベイツ型擬態という。身近なところでは、スカシバガという毒のないガが、有毒のハチにベイツ型の擬態をしているぞ。

スズメバチによく似たすがたをしたスカシバガ。本当はハチよりもチョウに近い仲間。

警戒色

毒をもっていて、食べると危険であることを外敵に知らせるために、わざとハデな体色をしている。警告色ともいう。

る役割をはたす。レッドエフトの赤い体もこの警戒色で、皮ふに強い毒をもっているのだ。

いっぽう、この警戒色を別のかたちで利用する生きものもいる。アカサンショウウオは赤い体がレッドエフトとそっくりだが、毒はもっていない。毒をもつ〝ふり〟をして敵の脅威から逃れるのだ。これも、きびしい大自然を生きるための知恵かもしれない。

両生類

ニホンアマガエル

雨の日の人気者の真実!?

毒を全身にまとう

皮ふからにじみでて全身をおおう毒の体液が、カエルにとって有毒な菌を殺す。

大きさ
体長30～40mm

おもな生息地
日本全国

毒の強さ

攻撃性

田んぼや池などで見ることができるニホンアマガエルは、日本人にとって、もっとも身近なカエルの一種。しかし、じつはこんな身近なカエルも毒をもっているのだ。

ニホンアマガエルは抗微生物ペプチドと抗菌性ヒストンという成分をふくんだ**毒を全身にまとう**

パンク町田の

有毒生物メモ

アマガエルが毒をまとうのとおなじように、なんとゴキブリも体の表面を、細菌の繁殖をおさえる抗細菌性物質でおおっている。ゴキブリのあのツヤツヤしたテカリには、そんなすごい成分がかくされていたのだ。あのテカリがあるからこそ、ゴキブリは汚いところを歩いても病気にならないのだよ！

野生のゴキブリ。羽のテカリにふくまれる成分が、自然界の雑菌から身を守っている。

さわったらすぐに、手を洗え!!

ことで、微生物や細菌などから身を守っている。毒性はあまり強くなく、人間がふれても被害は小さい。

ただ、いくらよわいといっても毒は毒。目や唇などの粘膜につくと、細胞を溶かすことがある。目に入ってしまった場合、失明の危険性もあるのだ。もしアマガエルにさわってしまったなら、すぐに手を洗うようにしたほうがいいだろう。

両生類

毒をもった侵略者!? オオヒキガエル

大きな口
ネズミやトカゲ、小型のヘビまで食べてしまう。

体長20センチをこえる大きな毒ガエル、オオヒキガエルは、**野生動物を殺す**ほどの猛毒をもっている。そのため、日本では外来生物法とよばれる法律によって、数がふえすぎないように管理されている。ふえたオオヒキガエルが小型生物を**大きな口**で食べあさったり、反対に大型

大きさ
体長100〜240mm

おもな生息地
日本全国、北アメリカ、南アメリカなど

毒の強さ

攻撃性

予想をうわまわる大繁殖

野生動物を殺す

耳腺の毒はヒキガエルの仲間としては非常に強く、大量に体内に入ると人間でも心臓麻痺などをおこす。

有毒生物メモ

農作物を荒らすネズミや虫を食べさせようと、いろいろな国で人の手によって放されたオオヒキガエルは、数が少ないほかの動物まで食べて生態系を崩してしまった。オーストラリアでは、めずらしいワニがこのカエルを食べて中毒をおこし、地域によっては半数以下にまでへってしまったんだ。

オオヒキガエルの毒によって数をへらしたオーストラリアワニ。

生物がこのカエルを食べて毒にやられたりして、その地域の生態系に深刻な影響をあたえるおそれがあるからだ。また、オタマジャクシも毒をもち、人の飲み水を汚染することもある。

しかし、もともとオオヒキガエルは害虫駆除のために人間が輸入したもの。本当に悪いのは、自分のつごうでかれらを利用しようとした人間のほうなのだ。

哺乳類

ひょうきんな顔に危険な爪

カモノハシ

雄大な自然が広がるオーストラリア大陸。水べをゆうゆうと泳ぐカモノハシは、観光客にも人気のかわいい動物だ。

しかし、カモノハシのうしろ脚の爪に毒があることは意外と知られていない。**蹴爪とよばれる毒爪**は、ふだんはかくされているが、敵に捕まるとむきだしになり、豪快なうしろ回しげりをくらわせて毒を注入するのだ！ 毒の強さはけっしてよわくはなく、犬程度なら呼吸と心臓を止めてしまうほど。

さらに、蹴爪には敵から身を守る以外に、もうひとつの使い道がある。それはオス同士の決闘！ なわばりをうばいあったり、メスをかけて戦ったりすることは、カモノハシの世界では日常茶飯事なのだという。

大きさ

体長400～550mm

おもな生息地

オーストラリア

毒の強さ

攻撃性

蹴爪とよばれる毒爪

指の先ではなく、脚のつけね近くにかくされている。

パンク町田の有毒生物メモ

犬は、馬などとくらべ毒に強い。そんな犬をもたおすというカモノハシの毒は、コブラなどの毒ヘビがもつ神経毒と成分が似ているんだ。

ちなみに、哺乳類なのに、卵からうまれるカモノハシの子どもは、卵歯という卵の殻をやぶるための器官をくちばしにそなえているぞ。

うしろ脚にだけある、カモノハシの毒の蹴爪。

魚類

アカザ

清らかな川の毒ナマズ

アカザは四国や九州のきれいな川にすむナマズの仲間。じつは、毒をもつ淡水魚はとてもめずらしい。

アカザは背びれと胸びれに1本ずつ、するどい**毒のとげ**をもっていて、刺されると傷口に激痛が走る。川で見つけても不用意にさわらないほうがいいだろう。

また、初夏になるとメスが石の下に卵をうみつけ、オスがその卵を守るという、共同作業をすることで有名な魚でもある。

しかし現代では、川の水がよごれて絶滅の危機にひんしているという。今後、さらに水質の悪化がすすめば、アカザの毒を心配することはなくなるだろうが、かわりに別の心配をしなくてはならなくなるだろう。

パンク町田の有毒生物メモ

アカザは、日本固有種といって、日本にしかいない生きもの。世界的にはとてもめずらしい魚だ。このアカザという名前は、「赤い刺す」「赤刺し」という言葉が変化したもので、昔から毒をもつナマズとして知られていた証なのだよ。

アカザがすむ日本の川。アカザがすめるきれいな川は少なくなっている。

大きさ
体長80～100mm

おもな生息地
日本（本州、四国、九州）

毒の強さ
2/5

攻撃性
1/5

毒のとげ

背びれと胸びれにそなえた毒のとげは、一見めだたず、釣り人などがあやまって被害をうけることもある。

清流とともに消えゆく運命か……。

魚類

ニホンウナギ

身には栄養、血には猛毒

川でとれる生きもののなかで、おいしいものの代表ともいえるウナギ。かば焼きが有名なウナギだが、魚といえば焼いたものより刺身が好きという人もいるだろう。しかし、ウナギだけは絶対に刺身で食べてはいけない！

じつは、ウナギの血には**イクチオトキシン**という毒がふくまれているのだ。血が目に入ると、失明の危険もあるという。さらに体の表面の粘液には、わずか0・05グラムで100匹以上のマウスを殺すことができる、**別の猛毒**をもつ。体内に入れば中毒をおこし、下痢やおう吐、全身の麻痺や呼吸困難で死ぬこともある。

おそろしい毒だが、どちらも加熱することで無毒化できる。焼いたものを食べるのは、昔の人からうけつがれた知恵なのだ。

大きさ

全長500～600mm

おもな生息地

日本、中国、台湾、朝鮮半島

毒の強さ

☠☠☠☠☠

攻撃性

🔪🔪🔪🔪🔪

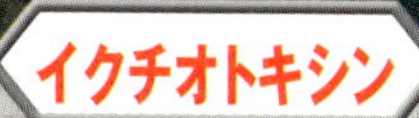

イクチオトキシン

血中の毒は、60度以上の熱を5分以上くわえることで、毒の成分が化学変化をおこし、無毒化する。

オレの血をなめると死ぬぜ？

別の猛毒

あまり知られていないが、体の表面のぬるぬるにも強い毒がある。

パンク町田の有毒生物メモ

アナゴやウツボもウナギとおなじ毒をもっていて、加熱して食べる必要がある。しかし韓国では、アナゴを生で食べることがあるのだよ。

なぜ生で食べて平気かというと、皮は毒の粘液ごとはぎとり、身は念入りに水にさらして毒をふくむ血を洗いながしてしまうからなのだ。

ウナギとおなじように、血と体の表面の粘液に毒をもつアナゴ。

魚類

ツムギハゼ

河口にひそむ猛毒魚

川の水が海にそそぐ河口近くにすむハゼの仲間。天ぷらなどにして食べられるハゼだが、このツムギハゼはなんと、トラフグ（121ページ）をはじめとするフグの仲間がもつ猛毒のテトロドトキシンをもっている。

毒の強さは、すんでいる地域によってかわる

大きさ
体長120〜150mm

おもな生息地
沖縄、フィリピンなど

毒の強さ
☠☠☠☠☠

攻撃性
🗡🗡🗡🗡🗡

パンク町田の有毒生物メモ

ツムギハゼは警戒心が薄く、ほかの魚ほど積極的に逃げまどわない。それは猛毒をもつため捕食者に敬遠され、逃げる必要がないからだ。

河口近くから川のほうにまで入りこむこともあるので、ほかの種類のハゼとまちがえて食用にしないよう気をつけなければならない。

ツムギハゼの仲間のマハゼ。ツムギハゼとちがい、こちらは毒をもたない。

要注意毒魚

皮ふと筋肉に、フグとおなじテトロドトキシンをもつ。ウナギの毒とはちがい、加熱しても無毒化しない。

が、食べてしまったらおなかが痛むどころではすまない**要注意毒魚**だ。

このツムギハゼ、西表島や奄美大島などでは、過去に思わぬ使い方をしていたという。ツムギハゼを干物にして、畑を荒らす野ネズミのエサにするのだ。干物を食べたネズミは、当然、猛毒で死んでしまう。料理には使えないツムギハゼだが、害獣退治の道具としていかされていたのだ。

魚類

アマゾンからきた毒エイ
ポタモトリゴン・モトロ

淡水エイとは、海ではなく川や湖にすむエイ。多くのカラフルな種類がいて、愛好家に人気がある。アマゾン川水系に生息するポタモトリゴン・モトロは、淡水エイのなかでも非常に人気のある種類で、ペットとして飼われることも多いという。

そんなポタモトリゴン・モトロだが、じつは尾に**するどい毒針**をもっている。このエイは、けっして凶暴な性質ではないが、飼っている人が水そうの掃除をするときなどに、あやまって刺されてしまうことがあるのだ。

刺された人は、電気が走ったような激痛に、しばらくのあいだもだえくるしむことになる。また、症状が悪化すると刺された部分の組織が死んでしまうこともあるため、油断はできない。

大きさ
体の幅500〜700mm

おもな生息地
南アメリカ

毒の強さ

攻撃性

するどい毒針

毒針は、尾の先ではなくつけねに、尾と枝わかれするようにはえている。大型のエイになるほど毒針も大きくなり危険が増す。

飼い犬ならぬ"飼いエイ"に手を刺されないように!!

パンク町田の有毒生物メモ

こいつを飼っていると、お母さんにそっくりな赤ちゃんエイをうむことがある。それがまたかわいいいのだ。

アマゾンの淡水エイは、卵をうむのではなく、稚魚をうんで子どもをふやすことが知られているぞ。

うまれてからまもないエイの稚魚。

魚類

世界第二位の超大型淡水エイ
アハイア・グランディ

まるいもよう

網目ともまだらとも表現されるもようは、川底でじっとしているときに迷彩の役割を果たすと考えられている。

全長2メートルをこえる巨大エイが南アメリカの川に出現!!

ポルトガル語で「巨大なエイ」を意味するアハイア・グランディは、**まるいもよう**と、ほかの種よりも短めの尾が特ちょうで、ポタモトリゴン・モトロ（80ページ）とおなじように**毒針**をもつ。淡水エイのなかでは2

大きさ
体の幅1500～2500mm

おもな生息地
南アメリカ

毒の強さ

攻撃性

世界最大の淡水エイとよばれるプラークラベーンについで大きいといわれるが、純粋に淡水だけで生きるエイのなかでは、最大だ。じゅうたんのような巨体で獲物をおおいこんで自由をうばい、相手をのみこむようすは、まるで手品のようだ。

タイに生息するプラークラベーン。

番目に大きいアハイア・グランディは毒針の大きさもケタちがいで、広げた人間のてのひらの幅ぐらいの長さがある上、アイスピックのようにかたい。さらに毒針の毒も強力だというのだから、たまったものではない。そんなおそろしいエイにもかかわらず、大物ハンターたちは、巨大なアハイア・グランディを釣りあげようと南アメリカに集まるのだという。

魚類

コイ

きれいなコイには毒がある!?

観賞用のニシキゴイや子どもの日のこいのぼりなど、日本の文化にかかすことのできない魚、コイ。飼うだけではなく食用にもなり、うま煮や鯉こくといった料理も有名だ。しかし、食べるときには気をつけないと、とんでもない事態をまねいてしまうこともある。

じつは、コイの胆のうにはシブリドール硫酸エステルという毒がふくまれていて、**中毒をおこす**原因になるのだ！　しかも、報告される中毒の件数と死亡率の高さはフグについで多い。

10キロくらいの大型のコイであれば、大人なら2匹分、子どもなら1匹分の胆のうで、腹痛や手足のしびれをひきおこす。最悪の場合は、腎臓に障害をおこして死亡することもあるという！　身近な魚だけに注意が必要だ。

大きさ
体長300〜400mm

おもな生息地
日本、中国

毒の強さ

攻撃性

中毒をおこす

「にが玉」ともよばれるコイの胆のう。さばくときにつぶさないように注意が必要だ。

飼ってよし、食べてよし……。でも、胆のうだけは食べてはいけない!!

パンク町田の有毒生物メモ

利根川中流ぞいの千葉県や茨城県では、コイを内臓ごと輪切りにして調理する、うま煮というおいしい料理がある。しかし現地の人たちであっても、コイの胆のうに毒があることを知る人は少ないというのが現状だ。

お店で売られているコイのうま煮。

コラム2 毒をもつ植物や菌たち

まだ青いウメにふくまれる成分は、そのままでは毒はないが、生きものに消化されることで毒のある成分に変化する。

ごく身近な植物にも、おそろしい毒はひそんでいる。

たとえばウメやモモ。まだじゅうぶん熟していないこれらの実を大量に食べると、死んでしまうこともあるのは有名だ。ほかにも、ヒヤシンスなどの根やスイセンを食べると、腹痛や下痢をおこすことがある。

また、毒といえば毒キノコを連想する人もいるだろう。テングタケの仲間には強い毒をもつものが多い。タマゴテングタケなどがもつアマニチンとよばれる毒は、猛毒として有名な青酸カリという物質の30倍以上の強さをほこるのだ。

キノコやカビなどは小さな菌が集まり、つながって体をつくっている菌類とよばれる生きものだ。そしてこの菌類は、じつは、植物より動物に近い生きものなのだ。

約9億年前に、動物とわかれて独自の進化をしてきた菌類は、ヒトとはすごく遠い親せきのようなもの。こんな菌類も、毒のある生きものの一種なのだ。

タマゴテングタケは、日本では北海道などで見られる。解毒剤がなく、とても危険なキノコだ。

第三章
草原・砂漠でねらう毒

爬虫類

毒液の射手
リンカルス

大きさ
全長1000～1500mm

おもな生息地
南アフリカ

毒の強さ

攻撃性

別名「ドクハキコブラ」。その名のとおり、はなれた敵にむけて**毒液を噴射**する、恐怖の毒ヘビだ。

南アフリカのサバンナに生息していて、危険を感じると首のフードを広げて**敵を威かく**する。それでも近づいてくる相手に対しては、牙の先から毒液を放つのだ。毒液は敵の目にむけて正確にとばされ、射程距離はなんと2メートルをこえるという！　自分より大きな相手にも確実に毒液をあてることができるのだ。毒液が目に入るとやけどのような激痛を感じ、失明することも多い。

牙から直接毒を注入することもでき、出血毒と神経毒の両方をそなえているのだ。２００７年には、全長3メートル近い巨大なリンカルスも発見されている。

パンク町田の有毒生物メモ

オレは以前、美しく黒光りするドクハキコブラを飼っていた。そいつの写真をとろうとカメラをむけると、オレめがけて毒液をふきかけてきた！

そのネバネバとした毒液はカメラのレンズに的中！　もしカメラがなければ、そうとうヤバいことに……。

首を高くもちあげて、毒液をとばすリンカルス。

毒液を噴射

毒牙のなかは空洞になっていて、そこに毒液がたまっている。牙の先端に小さな穴があり、そこから毒液を噴射する。

敵を威かく

鎌首をもちあげ、首のまわりを大きくひろげた威かく体勢は、自分を大きく見せる効果がある。

爬虫類

有毒生物界の王者 キングコブラ

古代エジプトの伝説の女王クレオパトラは、みずからをコブラにかませて命を絶ったという――。

毒ヘビの王者キングコブラは体長4メートルをこえるものもいて、世界に900種以上いるヘビのなかでも、**最大級の全長**をもつ。大きな体にたくわえた猛毒は、その量から「**ゾウすら殺す**」ともいわれている！　キングコブラにかまれたら、まずはこの世のものとは思えないほどの恐怖にみまわれ、目はだんだんとかすみ、ついには全身が痺れて最期のときをむかえることになる。

コブラは日本には生息しないが、輸入された材木にまぎれこんでいたり、動物園で飼っていたものが逃げだしたりしたことがあるので、出合う確率はゼロではない。

大きさ
全長3000～5500mm

おもな生息地
東南アジア、インド

毒の強さ

攻撃性

ゾウすら殺す

毒成分自体は、もっと強いヘビもいるが、キングコブラは毒腺が大きいため、ひとかみで注入する毒の量が多い。

巨体、怪力、大量の毒！

パンク町田の有毒生物メモ

クレオパトラをかんだのはエジプトコブラ。材木にまぎれこんでいたのはタイワンコブラだ。

キングコブラは、ニシキヘビのようなすごいパワーをもつが、メスは意外と子育てじょうずなお母さんだ。

卵からかえったばかりのキングコブラの子ども。もう大人のコブラとおなじすがたをしている。

爬虫類

本物とにせもののばかしあい
チュウベイサンゴヘビ

本物？　にせもの？
試しにかまれてみる？

名前のとおり、まるでサンゴのような**美しい色をした体**の猛毒ヘビ。アメリカ大陸の中部から南部にかけての砂漠や森など、さまざまな環境に生息している。

攻撃的な種類ではないが、動きを止められるのをきらい、捕まえようとするとかみついてくる。かまれると大量の神経毒によって痙攣発作をおこし、命にかかわることもあるという。

そんな危険なサンゴヘビだが、じつはブチイモリ（66ページ）のように、毒をもたないほかの生きものにまねをされている。まねをしているのは、ミルクスネークというヘビ。もようも色あいもサンゴヘビにそっくりだが、ミルクスネークに毒はなく、サンゴヘビのすがたをまねて敵をしりぞけ、身を守るのだ。

大きさ
全長500～1100mm

おもな生息地
中央アメリカ、南アメリカなど

毒の強さ

攻撃性

美しい色をした体

サンゴヘビの仲間は、環境や生息地によって、少しずつ色やもようがちがう。ブラジルサンゴヘビの神経毒は、ヘビのなかでは最強といわれる。

パンク町田の有毒生物

サンゴヘビは、毒のよわいニセサンゴヘビの世話になっている。サンゴヘビの毒は強力すぎて相手が死んでしまうので、毒の危険性を広める動物がいなくなる。しかし、ニセサンゴヘビにかまれて痛い思いをした動物がいれば、次からはその動物たちが、サンゴヘビのことも警戒するのだ。

体のもようがサンゴヘビそっくりなミルクスネーク。

爬虫類

はやてのごとき猛毒兵器

ヨコバイガラガラヘビ

ヨコバイガラガラヘビは、サイドワインダーともよばれる、ガラガラヘビの一種。サラサラとした砂漠の上で体をくねらせ、**横ばいに移動**するのが特ちょうだ。

すさまじい速さで動くことでも有名で、獲物を見つけると、秒速約1メートルというゴキブリなみの速さでおそいかかることもある！

また、目と鼻のあいだにピット器官という**動物の熱を感知する**感覚器官をもっていて、まったくの暗闇のなかでも正確にねらいをさだめることができる。圧倒的な速さとおそるべき正確さからは、どんな獲物も逃れることはできない！

アメリカで開発されたミサイルは、スピードと正確さをあわせもつこのヘビになぞらえて「サイドワインダー」と名づけられた。

大きさ
全長600〜800mm

おもな生息地
アメリカ、メキシコ

毒の強さ

攻撃性

動物の熱を感知する

生物の体温などを感じて、獲物がいる方向や距離を知ることができる。砂にもぐってまちぶせをするときにも、目にたよらずに獲物にねらいをさだめることができる。

横ばいに移動

すすむ方向に対して体を横むきにした状態で、全身をくねらせ、ななめ前に高速移動する。尾の先には脱皮したときの皮がのこり、これをふって威かく音を出す。

パンク町田の有毒生物メモ

この横ばい運動は、砂の上を高速で動くために発達した移動法だと考えられている。高速で移動するだけではなく、砂にもぐって獲物をまちぶせる技も天下一品。それだけ砂漠での生活に特化した毒ヘビなのだよ。

横ばいですすむガラガラヘビ。砂に特ちょう的なあとがつく。

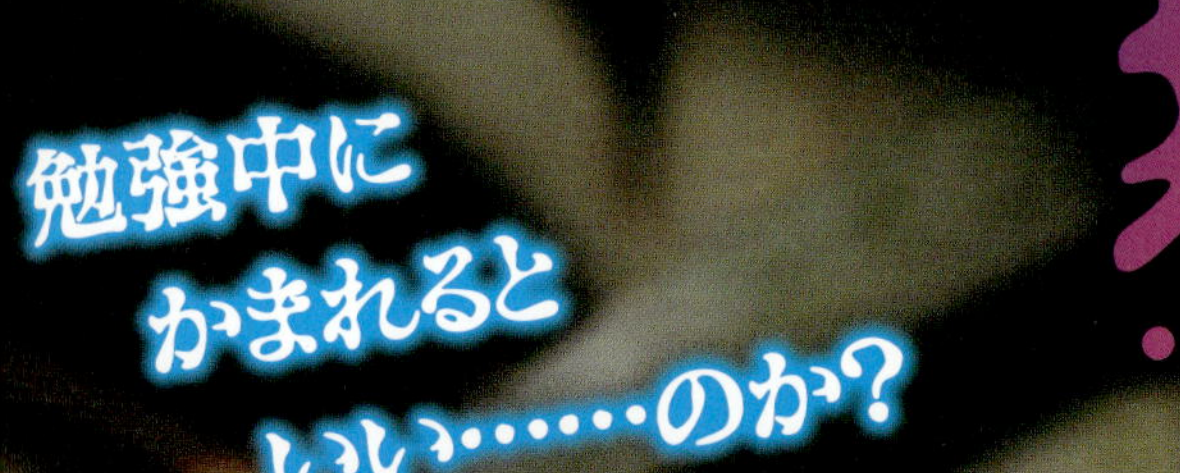

爬虫類

奇妙すぎる毒 アオキノボリアリゲータートカゲ

記憶力を上げる

オーストラリアの名門、メルボルン大学の研究チームが発表した研究結果に、世界中が騒然となった。毒の成分や効果には不明な点も多く、現在も研究がすすめられている。

世にも不思議な毒をもつトカゲを、メキシコで発見！　このトカゲの毒は、なんとかんだ相手の**記憶力を上げる**効果をもっていた!?

昔からメキシコではアオキノボリアリゲータートカゲは、毒をもつといういいつたえがあった。ただ現代では、いいつたえはまちがいで、かまれ

大きさ
全長250〜400mm

おもな生息地
メキシコ

毒の強さ
？？？？？

攻撃性

パンク町田の

有毒生物メモ

つい最近まで、毒のあるトカゲはドクトカゲ属の２種だけだと思われていた。だが、メルボルン大学の研究で、5000種以上いるトカゲのうち約100種に毒があると考えられるようになったのだ。すでにいくつかのイグアナなどのトカゲから毒が発見されているというぞ。

トカゲをあなどるな!

研究を発表した、オーストラリアのメルボルン大学。研究はいまもつづいている。

ると痛いだけの、毒のないトカゲだと考えられていたのだ。

しかし近年、とんでもない説がとなえられた。このトカゲは、いいつたえどおり毒をもち、その毒には、かんだ相手の記憶力を高める効果があるというのだ！　この効果によって、かみつかれた相手は、かまれた瞬間の痛みの記憶が強くのこり、トカゲをさけるようになるという。

コモドオオトカゲ

明かされたドラゴンの能力

地上最強のトカゲあらわる!!

アオキノボリアリゲータートカゲ（96ページ）のように、毒がないと思われていたトカゲがじつは毒をもっていたという例は、ほかにもある。

全長3メートル、体重140キロという**巨体**に成長し、コモドドラゴンのよび名でも知られるコモドオオトカゲもそのひ

大きさ
全長2500～3100mm

おもな生息地
インドネシア

毒の強さ

攻撃性

とつだ。このトカゲは、かみついた相手の内臓に障害をおこして死亡させるという、おそろしい能力をもつ！

この能力のひみつは長いあいだ、口のなかの菌が獲物の傷口で増殖するためだと信じられていた。だが、近年になって**猛毒をもっている**ことが発覚。内臓障害の原因がじつは毒によるものだということがわかったのだ。

猛毒をもっている

牙の毒は、24時間近くかけてゆっくり獲物をむしばんでいく。コモドオオトカゲはそのあいだ、すぐれた嗅覚で逃げる獲物のあとを追いながら、相手がよわるのをまつ。

巨体

大きな体をささえるため腕の力も強く、獲物の体をやすやすとひきさく。自分より大きな水牛などをえじきにすることもある。

こいつのもつ猛毒にふくまれるヘモトキシンという成分の毒素は、世界一強力な毒ヘビといわれるナイリクタイパンの毒に匹敵するといわれる。かまれた動物は血圧が低下し、血液がかたまりにくくなるため、出血が止まらずに衰弱してしまうのだ！

オーストラリアにすむナイリクタイパン。おとなしい性質だが、非常に強い毒をもつ。

爬虫類

北アメリカの怪物
アメリカドクトカゲ

大きさ
全長300～500mm

おもな生息地
北アメリカ

毒の強さ

攻撃性

激しい痛みや腫れ、むくみ、めまい、はき気、心臓の異常など、いくつもの症状を毒によってひきおこす、おそるべきトカゲがアメリカに生息していた！

英語で「ヒーラ川の怪物」を意味するヒーラモンスターという異名をもつアメリカドクトカゲは、体の**まがまがしいもよう**ににあわず、おとなしいトカゲ。

しかし、ひとたび戦闘態勢に入れば、**下あごから毒**を流しこんでくるのだ！　毒ヘビなどとちがって相手の体内につきいれる牙をもたないアメリカドクトカゲは、毒を効率的に注入できないため、何度も獲物をかみしめはなさない——。人間の死亡例は少ないが、油断ならない生物であることはまちがいない。

下あごから毒

下あごの毒腺にたくわえられた神経毒を、歯についた溝を使って相手に送りこむ。

まがまがしいもよう

黒い体に、オレンジや黄色のまだらもようがちりばめられている。アメリカ原産のトカゲとしては、最大級の大きさ。

パンク町田の有毒生物メモ

完全に成長したアメリカドクトカゲは、年に数回しかえさを食べなくても大丈夫。太いしっぽにラクダのコブのように栄養分をたくわえているからだ。しかも、毒のなかの成分が血糖値を安定させるので、えさを食べていないときでも、かわらず健康なのだ。

コブに栄養をたくわえたフタコブラクダ。背中のコブは、長く栄養をとらずにいると小さくなる。

両生類

毒のにおいをかいだらご用心
カリフォルニアイモリ

無数のイボをもつオレンジ色の小さなイモリ。ハイキングなどで見つけて、思わず手が出ることもあるだろう。しかし、そのひとつかみが事故の原因となる!

アメリカの山や草原に生息するカリフォルニアイモリは、人間などにつかまれると皮ふから強いにおいを出す。このにおいのもととなっている物質こそ、フグ毒とおなじ猛毒、テトロドトキシンである。さわっただけでも腫れることがあり、万が一口に入ってしまったら、悲惨な結末はいうまでもないだろう。

しかも、皮ふだけでなく内臓や血液、なんと**卵にまで毒**をもっている! 過去には、池にうみつけられたカリフォルニアイモリの卵の毒が水中に溶けだし、池の魚が全滅したという報告もあるのだ。

皮ふににじみでる殺意の毒液!

卵にまで毒

毒をふくむ粘液でおおわれている皮ふとおなじように、卵も外側をゼリー状の粘液でおおわれていて、この粘液に毒があると考えられている。

大きさ
全長120〜200mm

おもな生息地
アメリカ

毒の強さ

攻撃性

パンク町田の有毒生物メモ

みなさんは、ゾンビ好きですか？ 死者がよみがえり人をおそう、あのゾンビ。じつはゾンビをつくる秘密の薬、ゾンビパウダーというものがあるんだ。アメリカの内陸部では、そのおもな材料はカリフォルニアイモリなどに代表されるイモリ類なのだ。

カリフォルニアイモリの仲間のアカハライモリ。おなじように体内にテトロドトキシンをもつ。

哺乳類

消えることなき悪臭
マダラスカンク

発射カウントダウン開始！
3……2……1……!!

噴射前に威かく

尾を高くあげるのは、体を大きく見せる目的もあると考えられ、スカンクの仲間のなかには、さらに逆立ちまでして相手に警告をあたえる種もいる。

一般的には〝おなら〟の印象が強く、ひょうきんものと思われがちなスカンク。しかしスカンクの放つ悪臭の正体は、ひょうきんどころではない、危険なものだった！

じつは、悪臭のもとはガスではなく**体内の分泌液**。これがひとたび人の皮ふについてしまうと、

大きさ
体長480〜680mm

おもな生息地
アメリカ

毒の強さ

攻撃性

パンク町田の有毒生物メモ

スカンクの毒噴射は、主成分をブチルメルカプタンという。これは警備員の催涙スプレーにつかわれることもある、まさに化学兵器だ。

2メートル以内であれば、相手の顔面に的中させることができるという正確さ。まことにおそろしい。

お店でも売られている催涙スプレー。使われる成分は、商品によってちがう。

体内の分泌液

肛門のまわりにある腺から出る分泌液を、霧状にして噴出する。分泌液は4、5メートルもまきちらすことができる。

皮ふのタンパク質と分泌液の成分が強くむすびついてしまい、まともな方法ではにおいをおとすことができなくなってしまう。「くさい」のひと言ですませてしまうには強烈すぎるにおいが、ずっとつづくのだ！

スカンクは悪臭の**噴射前に威かく**のために、尾を高くあげることがある。これを見たら、できるだけ遠くまで逃げたほうがいいだろう。

昆虫

毒液を放つ赤い群れ
ヨーロッパアカヤマアリ

草原や森林にとつぜんあらわれる巨大なアリ塚！　しかし、めずらしいからといってうっかり近づくと、とんでもない目にあってしまうかもしれない!?

アリ塚の主であるヨーロッパアカヤマアリは、パラポネラアリ（38ページ）などとおなじように毒をもつアリの仲間。じつは、このアリは毒アリでありながら、毒針が退化してなくなってしまっている。だが、安心してはいけない。敵が巣に近づくと、何匹ものアリが集まって、敵にむけていっせいに**毒液を噴射**するのだ！

毒液にはタンパク質を腐らせる成分がふくまれ、皮ふにつくとやけどのようにただれてしまう。目に入った場合には失明の危険もあるという。

毒液を噴射

毒針はもっておらず、腹の先から毒液をふきかける。

大きさ
体長4～9mm

おもな生息地
ヨーロッパ

毒の強さ

攻撃性

パンク町田の 有毒生物 メモ

オーストラリアの原住民族は、美しい緑色でやわらかそうなツムギアリを食べる。オレも、かれらにすすめられて食べてみたんだが、なんと日本のクロアリと味も舌ざわりもそっくりだった。もっとやわらかくておいしいのかと想像していたのでガッカリだったよ。

緑色の腹が特ちょうのツムギアリ。薬として利用する地域もある。

昆虫

世界最大のアゲハチョウ ドルーリーオオアゲハ

アフリカに生息するドルーリーオオアゲハは、羽をひらいた左右の大きさが20センチにもなる、世界最大級の大型アゲハチョウ。「幻のチョウ」ともよばれ、とくにメスはきわめてめずらしく、捕獲の記録も少ない。**多くの謎**につつまれたアゲハチョウだが、なんと、その羽にチョウのなかでは**最強クラスの毒成分**をもち、1頭で何匹もの哺乳類を殺すことができるともいわれているのだ!

しかし、その毒はうまれつきもっているのか、それともエサなどからとりこんでいるのか、そしてその毒をどのように使うのか……。はっきりしたことはわかっておらず、世界中の研究者がこのチョウの生態を解明しようとしている。

多くの謎

毒の由来や使い方だけでなく、なにを食べどこでねむるのかなど、生態のほとんどはいまだにあきらかになっていない。

大きさ
開帳200～240mm

おもな生息地
アフリカ

毒の強さ

攻撃性

最強クラスの毒成分

羽を口に入れた敵に食中毒をおこさせる、強力な毒をもつ。

ドルーリーオオアゲハはアフリカでいちばん大きく、もっとも謎につつまれた毒をもつチョウだ。ガの仲間なら、毒をもつものも多いけど、成虫のもつ毒の強さでは、このチョウが最強。

ガよりもチョウのほうが危険だなんて意外でしょ！

ドルーリーオオアゲハが発見されたアフリカの森。

昆虫

つぶしたとたん、大やけど!?

アオバアリガタハネカクシ

大きさ
体長6〜7mm

おもな生息地
日本全国

毒の強さ

攻撃性

夏の夜、とんできた小さな羽虫をつぶすと、しばらくして焼かれるような痛みが！　アオバアリガタハネカクシは、頭部がアリに似た小型の虫で、つぶしたりしてこの虫の体液にふれると、その部分が、やけどのように痛むことから「やけど虫」ともよばれる。

この痛みの原因は、体液にふくまれる**ペデリンという毒**。これが皮ふにふれると炎症をひきおこし、ふれたところにかゆみを感じるようになる。皮ふはやがて熱を発しはじめて水ぶくれへとかわり、かゆみは焼きゴテをおしつけられたかのような熱さと痛みに変化していくのだ！

もしも寝ているときにあやまってこの虫をつぶしてしまったら、地獄のような熱さで、とびおきることになるだろう……。

ペデリンという毒

体液にふれた手で顔などをさわると、さらにその部分にも被害がひろがる。また、直接体液にふれなくても、この虫がとまった部分の皮ふが炎症をおこすこともある。

パンク町田(まちだ)の有毒生物(ゆうどくせいぶつ)メモ

子どものころ、イモほりに行ったときにアオバアリガタハネカクシを腕(うで)の上でつぶしてしまった。オレの記憶(きおく)では、つぶして数分後からジワーッと痛(いた)みはじめ、虫が歩いただけの部分もヒリヒリしたぞ。

木の下などに集(しゅう)団(だん)でいることもあるので注意が必(ひつ)要(よう)。

その他の節足動物

オブトサソリ

暗闇にせまる死神

攻撃的な性質

名前のとおりに太い尾に対してはさみは小ぶりだが、自分より大きな敵にもひるまず威かくする。

デススストーカー（忍びよる死）とよばれる小さな怪物、オブトサソリは、その異名のとおり、非常に危険な毒と**攻撃的な性質**をあわせもつ！

サソリのなかでも**最強クラスの毒**は、相手の全身に症状をおよぼす強烈な神経毒。狩りと防御の両方のために、この猛毒

大きさ
体長60〜100mm

おもな生息地
北アフリカ

毒の強さ

攻撃性

パンク町田の有毒生物メモ

毒のある生きもののもつ神経毒には、体内の神経細胞どうしのつながりを悪くさせる働きをもつものが多い。ところが、サソリの毒は反対にこのつながりを異常に強めて、獲物や天敵の神経をショートさせてしまうのだ！

高くあげられたサソリの毒針。はさみで獲物をおさえつけてから毒を注入する。

最強クラスの毒

尾の針にそなえた毒は、サソリのなかで最強といわれる。エサの少ない砂漠などで確実に獲物をしとめる必要から、毒が強くなったと考えられている。

を使いこなすのだ。

夜行性で、日中は岩かげなどにひそんでいて、夜になると活発に動きまわり獲物をさがす。

日本ではペットとして輸入することは禁止されているため、国内で出合う機会はまずない。だが、もしオブトサソリがいる地域を旅行することになったら、かれらのなわばりである岩が多い荒れ地などには、むやみに近づいてはならない！

コラム 3

コアラは毒がきかないかわりによっぱらう!?

ユーカリのエキスは、人間の薬として利用されることもある。エキスも葉そのものも、口に入れるのは危険。

あのかわいいコアラは、ユーカリという木の葉を食べる。ところがユーカリは、青酸とよばれる猛毒をうみだす有毒植物なのだ。

コアラがユーカリの毒を解毒できるのは、腸のなかに毒を分解する細菌がいるため。母コアラは、この細菌をうけつがせるための特別なふんをして、それを子どもに食べさせるのだ!

じつは、コアラの子どもがその細菌をうけつぐとき、毒を分解するだけではなくアルコールをつくりだす細菌や酵母もうけついでしまうことがある。それをうけついでしまった子どもは、ユーカリを食べて体内で消化するとき、栄養といっしょに、細菌のはたらきでつくられたアルコールも吸収してしまうのだ。

コアラは、ユーカリが半分だけ消化された特別なふんを、離乳食として子どもにあたえる。

こうなるとコアラはよっぱらってしまい、食後20時間以上もぐったりとしていることもある。食事をするだけでよっぱらえるなんて、お酒が大好きなお父さん、お母さんにとっては、なんともうらやましい話だろう。

第四章
海にみちる毒
どく

哺乳類

かわいい見た目の人気者だが!? アゴヒゲアザラシ

大きさ
体長2000〜2600mm

おもな生息地
北極海、ベーリング海、オホーツク海

毒の強さ
☠☠☠

攻撃性
🗡🗡

アラスカにすむエスキモー族。氷の大地にくらすかれらにとって、アゴヒゲアザラシは大切な栄養源だ。しかし、その体内には人間に害をあたえる成分がかくされていた!!

その成分とは、なんとビタミンA。ビタミンは体にいいものだろうと思うかもしれないが、ある

種のビタミンAはあまりに多くとりすぎると食中毒をおこしてしまうのだ。**ビタミンA中毒**をおこすと、激しい頭痛やはき気などの症状が出る。さらに悪化すると、顔面や頭部の皮ふがはがれおちてしまうこともある！

アゴヒゲアザラシの肝臓には大量のビタミンAがたくわえられているため、エスキモーたちも肝臓は食べないことが多いのだ。

ビタミンA中毒

ビタミンAは、厚生労働省の自然毒リストにものっている立派な毒物。人間の体内に入ると肝臓にたくわえられていき、あまりにたまりすぎると肝臓をいためてしまう。

アゴヒゲアザラシの歯は、エサとなる貝類の殻をかみつぶすために、まるで人間の奥歯のような形をしている。敵にかみついても、するどい牙のようにダメージをあたえられないためか、かみつくふりをしたり、かるめにかんで威かくしたりするだけのことが多いんだ。

ゴマフアザラシの牙。おなじアザラシでも、種類によって歯の形がちがう。

爬虫類

南の海にすむコブラ エラブウミヘビ

沖縄を代表する猛毒ヘビ、ハブ。しかし、青く輝く南国の海には、ハブ以上におそろしい毒をもつヘビが、ゆうゆうと泳いでいた！

「イラブー」ともよばれるエラブウミヘビの毒は強烈で、なんとハブ毒の80倍の強さだという！　それほどの毒でありながら、かまれてもしばらくは痛みを感じないというからおどろきだ。しかし、毒はじょじょに体をむしばんでいき、やがて体が動かせなくなる。そのまま手あてをしなければ**48時間以内に死**にいたる！

おそろしいエラブウミヘビだが、かつてはノロとよばれる女司祭以外は、食べることをゆるされないほどの**貴重な食料**でもあったのだ。

大きさ
全長700〜1500mm

おもな生息地
沖縄、ミクロネシア諸島、オーストラリアなど

毒の強さ
💀💀💀💀（5段階中4）

攻撃性
（5段階中2）

パンク町田の有毒生物メモ

エラブウミヘビの毒の主成分はエラブトキシンという。この成分は動物の体内のポリペプチドという物質にはたらきかけ、神経回路を遮断してしまう。神経回路が遮断されると、動物は動けなくなってしまうのだ。

食材として売られているエラブウミヘビ。毒は熱をくわえると変質し、安全になる。

本当の恐怖は海からやってくる！

48時間以内に死

かまれてから15分から8時間のあいだに症状があらわれはじめる。毒性は非常に強いが、おとなしい性質のため、自分から攻撃することはあまりない。

貴重な食料

毒は牙にあり、血や内臓、筋肉に毒をもつ種ではないため、現在でも食材として利用されている。

かみくだく無敵のあご ドクウツボ

岩かげから、巨大な体とするどい牙がねらってい
る⁉ 凶暴なウツボの仲間のなかでも体の大きな
ドクウツボは、全長1・5メートルにまで成長し、ある
記録では3メートルをこえる個体もいたという。非常に
攻撃的で、人の指すらかみちぎる**強いあご**と、するどい
牙を武器に、巣に近づくものにおそいかかる‼
さらにやっかいなのは、名前のとおり**体に毒をもつ**と
いう点。ふつうのウツボもすがたはおそろしいが、地域
によっては食べることもある。そのため、ふつうのウツ
ボとまちがえてドクウツボを食べてしまい、毒にやられ
るという事故が多発している。ドクウツボの毒は、熱を
くわえてもききめをうしなわないのだ。

パンク町田の有毒生物メモ

ウツボの仲間は上下のあごに歯がある。さらに口のなかにはもうひと組の別のあご、咽頭顎があって、その咽頭顎にもするどい歯がびっしりはえているんだ。口をあけるとそれがとびだしてきて獲物を捕らえ、口の奥にひきこんで逃がさないんだ。

大きく口をあけたウツボの仲間。口の奥にむかって牙がならんでいる。

大きさ
全長1500〜1800mm

おもな生息地
南西諸島、インド、太平洋

毒の強さ
☠☠（5段階中2）

攻撃性
（5段階中4）

生きていても死んでいても危険──!?

強いあご

牙に毒はないが、あごはかむ力が強い上に大きくひらくので、かまれると深く大きな傷になりやすい。

体に毒をもつ

毒はエサから得ていて、筋肉や内臓にたくわえられる。毒の強さは、そだった環境によってかわると考えられている。

魚類

トラフグ

食通を誘惑する毒魚

フグ毒

トラフグの毒は神経毒。卵巣と肝臓のほかに腸にもふくまれ、フグの種類によっては、皮ふや筋肉に猛毒をもつものもいる。

トラフグは高級食材として有名だが、体のなかには身の毛もよだつ猛毒をもつ。

トラフグの卵巣や肝臓にふくまれる**フグ毒**は、食べた人の体を痺れさせ、おう吐や言語障害などをひきおこす。そして、ついには命をうばう、おそろしい毒だ。

そのため、食材として

大きさ

体長400〜700mm

おもな生息地

日本海西部、東シナ海ほか

毒の強さ

攻撃性

命は惜しい……。でも食べたい!!

ブードゥー教の神官は、ゾンビをつくるゾンビパウダーにイモリ類の毒を使う。でも海が近い土地では、より効率よく大量に手に入るフグの毒を使うんだ。

フグ毒はテトロドトキシンといってイモリ類の毒とおなじ成分なのだ。

ブードゥー教の神官が儀式につかった道具。

フグをあつかうには、国など各自治体からあたえられた免許が必要。たとえ海でフグを捕まえたとしても、素人はけっして調理してはいけない。

ちなみにフグをあつかう料理店では、とりのぞいた毒のある部分を外部の人間に悪用されないように、鍵つきの箱に保管している。さらに、ただすてるのではなく「徐毒所」という施設で処理しているのだ。

魚類

存在するだけで凶器!? キタマクラ

全身からにじみだす危険すぎる毒素!

亡くなった人を、頭を北の方角にむけてねかせる「北枕」という風習がある。キタマクラの名前は、食べると北枕にねかせられる、つまり死ぬ、ということからきている！

キタマクラは、内臓と皮ふに毒をもっているが、内臓の毒はあまり強くないいっぽう、皮ふのフグ毒は強力だ。キタマクラをほかの魚とおなじ水そうに入れておくと、**皮ふの毒**が水中に溶けだし、ほかの魚を全滅させてしまうこともあるのだ。

かんたんに釣ることができるが、この魚をさわったら、すぐに手を洗い、けっしてそのまま食事をしてはいけない。もし、キタマクラの皮ふの毒が、手から食事についてしまったら……北枕でねかされることになるかもしれない。

大きさ
体長90～150mm

おもな生息地
太平洋、九州西岸、伊豆諸島など

毒の強さ
3/5

攻撃性
1/5

皮ふの毒

肝臓や腸にも毒をもつが、皮ふの毒がとくに強い。いっぽう、筋肉には毒をもたない種のため食べることはできるが、トラフグ（122ページ）とおなじように、免許がなければ調理してはいけない。

パンク町田の有毒生物メモ

キタマクラの毒はテトロドトキシンで、青酸カリの700～1000倍の危険性をもつ。もともとは植物プランクトンのような微生物や細菌がテトロドトキシンをつくりだし、それを食べた貝類などを、さらにキタマクラが食べることで毒はどんどん濃くなっていくのだ。

キタマクラがエサにするモミジガイの一種。このヒトデの仲間もテトロドトキシンをもつ。

シガテラ毒

食べると中毒をおこすシガテラ毒の被害は、症状によっては数か月から1年つづくこともある。

南の島の海遊びで見ることができる熱帯魚、モンガラカワハギ。**美しいもよう**のこの魚は、ペットショップで高い値段をつけられて売られているほか、水族館でも飼育されている。

一見するとかわいいだけの魚なのだが、好奇心からこの魚を食べてしまい、病院送りになるとい

大きさ

体長200〜300mm

おもな生息地

九州以南の太平洋、インド洋など

毒の強さ

攻撃性

シガテラ毒は、シガトキシンやそれに似た化合物が主成分。フグ毒とおなじように、もともとは渦鞭毛藻という毒のある藻類などを魚がエサとして食べることで体内にとりいれられる。食用魚のヒラマサからも見つかったことがあり、じっさいに食べて中毒をおこした人もいるのだ。

お店で売られているヒラマサ。春から夏にかけてよく食べられる。

美しいもよう

黒い体色に白い紋のようなもようがついているのが名前の由来。背側には黄色い網もようが入っているのも特ちょう。

見ているだけにしておけばいいのに……。

う事故が発生している。

モンガラカワハギは体に**シガテラ毒**という毒をもっていて、はき気、下痢、腹痛、筋肉の痺れなどをひきおこすのだ！

さらにクロモンガラという種類は、強力な神経毒であるパリトキシンをもっていることも。これを口に入れてしまうと全身の筋肉が麻痺して呼吸困難におちいり、最悪の場合、死亡することもあるのだ！

魚類

ゴンズイ

凶悪すぎる小魚の群れ

強力な毒棘
毒棘は背びれと胸びれにある。防波堤などで釣りをしている人が、釣りあげたときにあやまって刺されるという事故が発生している。
何十匹もの毒魚がまるでひとつの生きもののように――!

イワシなどの小さな魚のなかには、群れで行動することで、自分が天敵にねらわれる確率を下げようとするものがいる。イワシの群れなら、人に害をあたえることもないが、世の中にはおそるべき毒をもつ魚の群れが存在している!

ゴンズイはひれに**強力な毒棘**をもった魚で、た

大きさ
体長100～180mm

おもな生息地
日本、中国、東南アジアなど

毒の強さ
☠☠☠☠☠

攻撃性

とえ1匹でも刺されると激しく痛み、傷口が腫れあがる危険な魚だ。そして数十匹から、ときに百匹以上も集まって、「**ゴンズイ玉**」とよばれる群れをつくる習性をもっているのだ！

ゴンズイ玉は浅い海や防波堤などで見ることができるが、ふざけて近づくと何十本もの毒棘に体中を刺されて、思わぬ被害をうけてしまうことになるかもしれない。

ゴンズイは海の毒ナマズだ！

そのため、小魚をエサにする大型魚たちも、こいつを食べるのはさけるという。一見おそろしげな毒ナマズだが、じつは天ぷらや煮魚にして食べるととてもおいしいのだ。ただし、死んだあとでもとげの毒はきえないので、調理のときは十分な注意が必要だ。

海中のゴンズイ玉。

ゴンズイ玉

ゴンズイの群れは、一匹一匹が集団行動をうながすフェロモンを出してできるものだと考えられている。

強い毒棘
背びれの毒棘は全身のとげのなかでもっとも大きく、ひれの突起一本一本に別べつのとげがある。

魚類

岩にばけた毒針魚！
オニオコゼ

ひれなど全身の20か所以上に**強い毒棘**をもつ**鬼のような顔**の魚、その名はオニオコゼ。

ふだんは岩や海藻に擬態して岩場にひそみ、気づかずにそばをとおった魚が毒棘にさわって動けなくなったところを捕えて食べるのだ。

このオニオコゼの毒は人間にもダメージをあた

大きさ
体長200～220mm

おもな生息地
日本、朝鮮半島、中国

毒の強さ

攻撃性

ふれただけでも毒のダメージ!! まちぶせ型ハンター!

有毒生物メモ

以前、インドネシアの海岸沿いの住民に「海のコブラを知っているか?」と聞かれた。毎年刺されて死ぬ人もいるという。だが、それがおいしいというではないか。調理されて出てきたのはスパイスのきいたオニダルマオコゼの煮つけ。かれらはこのオコゼの仲間の毒棘を、海のコブラとよぶほどおそれていたのだ。

オニオコゼの刺身。日本ではほかに、みそ汁やからあげなどにして食べることもある。

鬼のような顔

名前の由来となったいかつい顔。ひれだけでなく、えらや口のまわりにも毒棘をもっている。

える。オニオコゼに刺された傷は、するどい痛みとともに、だんだんと青くかわっていく。やがて痛みは全身に広がっていき、発熱をともない、数日にわたって刺された人を苦しめるのだ!!

こんなにも激しい毒をもつオニオコゼだが、意外なことに市場では高値で取引されることが多い。こわい外見の下に真っ白でおいしい身がかくされているからだ。

魚類

オニカサゴ

海底にひそむ鬼

カサゴという無毒の魚がいる。とげが非常にするどく、よく「毒をもっている」とかんちがいされる魚だ。しかし、おなじカサゴという名をもっていても、オニカサゴは〝鬼〟の字にはじない強い毒をもっている！

背びれや胸びれにはえているするどい**毒のとげ**

大きさ
体長220〜400mm

おもな生息地
日本、太平洋など

毒の強さ
💀💀💀

攻撃性
🗡🗡

で刺されると、やけどにも似た腫れと痛みにおそわれる。

白身がおいしい高級魚だが、死んでも毒棘の毒は消えないため、水中で出会ったときや釣りあげたときはもちろん、料理をするときも細心の注意が必要だ。カサゴをさばくときには、ぶあつい軍手などをつけた上で、はさみでひれの毒棘を切りおとしてから調理するとよい。

オニカサゴのように背びれや胸びれなどに毒のあるとげをもつ魚は少なくない。そしてこのようなひれの毒棘はたいていの場合はその一本一本に毒腺という独立した器官をもち、相手に毒を注入するための役割をはたしているぞ。

オニカサゴの仲間のハナミノカサゴ。この魚も、大きく広がったひれに毒棘をもつ。

毒のとげ

オニカサゴの毒は、熱をくわえると変質する。万が一刺されてしまったときには、すぐに傷をきれいに洗ったあと、傷のまわりをおして毒をしぼりだし、熱いお湯にひたしておくとよいとされる。もちろん、その後かならず病院に行く必要がある。

魚類

ミナミウシノシタ

砂底からふきだす白い毒液！

体の色を変化させて砂底にひそみ、そばをとおった相手に毒をふきかける！　**まるで忍者**のようなその魚の名は、ミナミウシノシタという。

沿岸やサンゴ礁にすむカレイの仲間で、通常は貝類や甲殻類などの砂地の底にいる小動物を食べているが、場合によっては魚をおそってたいらげるという。体の側面に毒腺をもっており、そこから**毒の体液**を噴出することができる。この乳白色の体液をあびたボラやハゼなどの魚は、容赦なく命をうばわれる！

また、この毒液はサメやウツボといった天敵を撃退するのにも使われていて、その効果に注目した研究者が、毒液をサメよけとして研究した論文ものこっている。

毒の体液

噴出される毒液は強力で、ハゼやボラは、2000倍に薄めた海水のなかでも20分程度で死んでしまうという報告もある。

大きさ
体長150～200mm

おもな生息地
相模湾、沖縄、オーストラリアなど

毒の強さ

攻撃性

まるで忍者

ひらたい体で海底にはりつく。体の色をかえることでまわりにとけこみ、獲物や天敵の目をあざむく。

どこにいるかわかるかな……？

パンク町田の有毒生物 メモ

まさか毒液をふきかけるカレイがいるとは、みなさんもおどろかれたことだろう。たしかにめずらしいことなのだ。イカ、タコなどの頭足類がふく、いわゆるスミに毒がふくまれていることは知られているが、魚が毒を噴射するとは、すごい能力だよね。

身を守るためにスミを使うイカの一種。スミには敵の感覚をくるわせる作用がある。

魚類

毒牙をもった魚
ヒゲニジギンポ

世界には、毒をもつ魚は非常に多いが、ニジギンポは数少ない**毒の牙をもつ魚**だ。岸に近い岩場やサンゴ礁に生息していて、ふだんはプランクトンという水中にただよう小さな生きものなどを食べてくらしている。

海水浴やダイビングなどのときに出会うこともあるが、下あごに毒をもった大きな牙があり、素手でつかもうとすると、かみつかれるおそれがある。うかつに手を出してはいけない！

毒そのものは非常によわいが、牙はナイフのように切れ味がするどいので、かまれた場所によっては激しく出血するかもしれない。人がすてた海底の空き缶やパイプをすみかにするようすも目撃されているので、ダイビングをするときには注意が必要だ。

油断してると切りさかれるかも……!?

大きさ
体長90〜110mm

おもな生息地
西太平洋

毒の強さ
☠☠☠☠☠

攻撃性
🗡🗡🗡🗡🗡

毒の牙をもつ魚

毒牙をもつ魚は、ヒゲニジギンポのほかには、オウゴンニジギンポなど、かぞえるほどしか確認されていない。近い仲間のギンポは毒をもたない。

パンク町田の有毒生物メモ

牙をもつとは、まるで毒ヘビのような魚だ！　コブラ、ガラガラヘビ、アカオアオハブ、ヤマカガシなど、オレはこれまで、そうとういろいろな有毒生物にかまれてきたが、毒魚にかまれたことはまだないぞ。

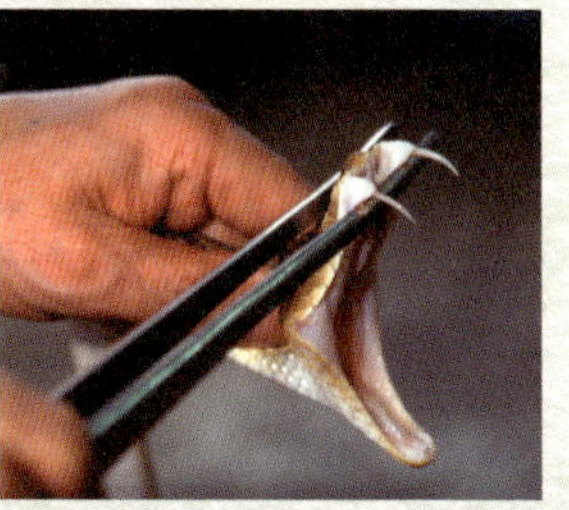

毒ヘビの牙は上あごにあるが、ヒゲニジギンポの牙は下あごにある。

魚類

おいしい猛毒魚 アオブダイ

強じんな歯

歯は鳥のくちばしのような形をしていて、非常にかたい。このかたい歯と強力なあごで、貝類や甲殻類の殻もかみくだく。

知る人ぞ知るおいしい魚であるブダイ。しかし、ブダイの一種アオブダイは、環境によって**すさまじい猛毒**をその身にもつことがあり、ときとして食べた人を死に追いやる。

アオブダイは**強じんな歯**でいろいろなものを食べる雑食性。魚はもちろん甲殻類に貝類、そして

大きさ
体長 オス270mm
メス200mm

おもな生息地
沖縄、太平洋

毒の強さ
☠☠☠☠（5段階中4）

攻撃性
（5段階中2）

魚も、貝も、毒も‼ なんでも たいらげる！

パリトキシンは、コブラやヤドクガエルの毒よりも強力な毒素だ！子どものころ九州へ行ったときに、魚屋さんにかなりの割合でアオブダイがならんでいたのをおぼえている。魚屋さんがいうには、プロは毒をもっているかどうか見ればわかるということだったが、本当だろうか？

沖縄の市場で売られているブダイ。アオブダイとは別の種で、毒をもたない。

すさまじい猛毒

肉と内臓のそれぞれに、食中毒の報告がある。食中毒をおこす毒素は、パリトキシンのほかにも、ボツリヌス菌がつくりだすボツリヌストキシンなどがある。

スナギンチャクという生物も食べる。この生物にはパリトキシンという猛毒があり、これを食べることで毒をたくわえる。

パリトキシンは熱をくわえても毒性がよわまらないため、アオブダイを食べて食中毒になったり、不幸にも命を落としたりする人もいる。そのため、現在の日本では、アオブダイを食品として売ることは、法律で禁止されている。

魚類

海中の毒猫 ネコザメ

まるで猫のようなあいきょうのある顔のネコザメは、サメのなかでも非常に温厚な種類。浅い海に出没することもあるので、海水浴などでも出合うかもしれない。しかし、いくらおとなしいサメだからといっても、むやみにさわってはいけない。ネコザメは、背びれに**するどい毒針**をもっているのだ！

人間がすぐに命を落とすような強い毒ではないが、刺されれば傷口は強く痛み、しばらく苦しむことになる。さらに毒以外にも、サザエの殻をくだくほどの**強じんなあご**をもっているので、万が一かまれでもしたら、指を折られるか、かみつぶされるかする危険性もある。

どちらにせよ、楽しい海水浴は、おそわれた時点でおしまいになってしまうだろう。

かわいく見えても油断は禁物！

大きさ
体長800〜1200mm

おもな生息地
日本、朝鮮半島、東シナ海など

毒の強さ

攻撃性

するどい毒針

毒針は、ひれの先端にあるオニカサゴ（132ページ）などとはちがい、背びれの根元からはえている。

強じんなあご

人間の奥歯のような形の歯で、サザエなどの貝類の殻をくだいて食べる。このためネコザメは、サザエワリともよばれる。

パンク町田の有毒生物メモ

サメの仲間の多くは、すぐれた超感覚をもつことが知られている。するどい嗅覚や、磁場も感知できる高感度の感覚器などがそれだ。

かれらはまた、ヤツメウナギなどのあごのない魚から進化した、初期の“あごのある魚”に近い体の構造をもつ、かなり原始的な魚類でもあるのだ。

あごがなく、吸盤のような形の口をもつ、ヤツメウナギの仲間。

魚類

イトマキエイ

毒針をもつマンタの仲間

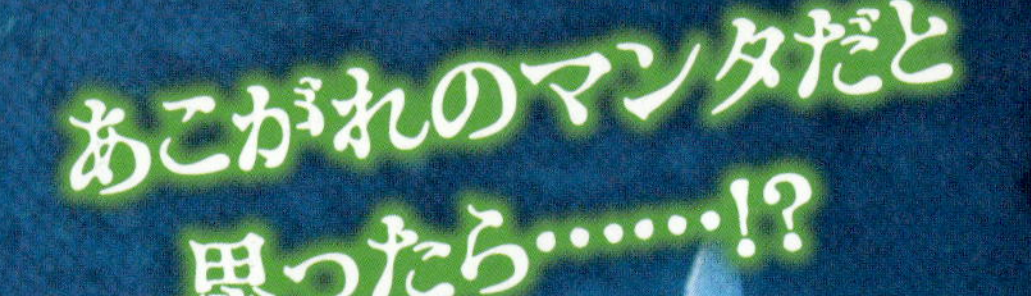

尾に毒針をもつ

毒針は長い尾のつけねにある。オニイトマキエイにくらべ、尾が細くて長いことも、オニイトマキエイと区別するポイント。

マンタともよばれるオニイトマキエイといっしょに泳ぐのは、ダイビングをする人にとって、あこがれのひとつだ。しかし、マンタだと思って近づいたエイが、じつは危険な毒エイだったとしたら!?

その毒エイこそが、イトマキエイ。オニイトマキエイより小柄だが、す

大きさ
体の幅2500～3100mm

おもな生息地
太平洋

毒の強さ
☠☠

攻撃性
🗡🗡🗡

オーストラリアの知りあいの知りあいが、エイに刺されて亡くなったことがあった。当時は世界的なニュースになり、エイのおそろしさを世間に知らしめた。かれは動物とふれあう仕事をしていて、人と動物のよい関係をつくろうとしていたんだ。

つまり、オレと同業ってことだね。

オーストラリアの海。ダイビングツアーなどでも海の生きものによる事故がおこっている。

がたはそっくりで、性質もおなじように温厚だ。ただひとつちがうのは、**尾に毒針をもつ**こと！

エイの毒針はかたく、するどいため、ウエットスーツやブーツ程度なら、かんたんにつらぬいてしまう。グレートバリアリーフというオーストラリアのダイビングの名所でも、じっさいにエイの毒針に胸を刺され、死亡してしまうという事故が発生しているのだ！

軟体動物

忍びよる殺人ダコ
ヒョウモンダコ

その暗殺者は、**体の色**をまわりにあわせてかえ、音もなく忍びより、相手にかみついて毒をそそぎこんで殺す！

暗殺者の正体は、てのひらにおさまるくらいの小さなタコ。しかし、ひとたび**獲物にかみつく**と、傷口から大人7人を一度に殺せるほどの猛毒を流しこんでくるのだ！ 毒の種類はフグとおなじテトロドトキシン。手あてがおくれれば、まちがいなく命はないだろう。さらに、毒のだ液を噴射して、獲物を麻痺させることもできるという。

じつはヒョウモンダコと、それに近い種は、日本の海水浴場や磯や潮だまりなどでも目撃されている。毒の被害をさけるためにも、小さなタコを見かけたら、近づかないようにしたほうがいいだろう。

かくれ身、毒牙、
毒のだ液!!
多才な海のハンター！

大きさ
全長80～150mm

おもな生息地
太平洋、オーストラリア沿岸

毒の強さ

攻撃性

体の色

体の色は自由に変化させることができるが、外部から刺激をうけると、黄色い体に青いヒョウ柄のもようをうかびあがらせる。このもようが名前の由来になった。

獲物にかみつく

タコの仲間は、カラスグチともよばれるかたいくちばしをもつ。ヒョウモンダコもこのカラスグチからテトロドトキシンを注入する。

パンク町田の有毒生物

ヒョウモンダコは、大好物の甲殻類の目のつけねなど、やわらかくて神経に近い部分をねらってかみつき、毒を注入する！　また、エビやカニなど、テトロドトキシンのきかない獲物も、だ液にふくまれるハパロトキシンという毒を使って麻痺させることができるのだよ。

浅い海でも見られるヒョウモンダコ。岩かげのカニやエビなどをねらって狩りをする。

その他の節足動物

小さな猛毒まんじゅう
スベスベマンジュウガニ

大きさ
甲らの幅30～50mm

おもな生息地
太平洋、オーストラリア沿岸など

毒の強さ
💀💀💀💀💀

攻撃性
🗡🗡🗡🗡🗡

カニといえば、いわずと知れた高級食材。しかし、世のなかには決して食べてはいけないカニもいる！

スベスベマンジュウガニは、名前のとおりに丸くてすべすべした殻をもつかわいいカニ。しかし、かわいいのは外見だけ。その身にはフグ毒のテトロドトキシンをはじめ、麻痺性貝毒成分のゴニオトキシンなど、さまざまな種類の毒をあわせもっているのだ！

毒はそのすべすべの殻のほか、脚やはさみの筋肉にもたくわえられている。もしも食べてしまったら、**麻痺性の毒**がひきおこす体の痺れにくわえて、おう吐や発熱など、さまざまな苦しみを味わったうえに意識不明となり、呼吸困難のすえに命をうしなうことになるだろう……。

麻痺性の毒

筋肉に毒をたくわえた脚やはさみは、天敵におそわれたときにみずから切りはなして相手に食べさせ、敵にダメージをあたえる効果があるとも考えられている。

パンク町田の有毒生物メモ

近年、このカニが、エサから得る以外に自分でもテトロドトキシンをつくりだせる可能性があることがわかってきた。たいていの生物は、微生物のつくった毒をとりこんで、体内で強めて使う。スベスベマンジュウガニは海で唯一、毒を体内でつくりだせる大型生物かもしれないのだ！

スベスベマンジュウガニは関東地方の磯にもいる。

軟体動物

猛毒吹き矢の狩人

アンボイナ

つきささる毒の矢が息をする自由さえうばう！

リゾート地のおみやげなどで見かけることがあるイモガイの貝殻。もしも海岸でこの貝を見つけても、けっしてひろいあげてはいけない。イモガイは歯舌とよばれる吹き矢のような武器をもち、その**毒の吹き矢**を使って狩りをする、おそろしい生物なのだから。

そんなイモガイの仲間のなかでも、アンボイナは殺人巻貝ともよばれ、その毒矢で人を殺すこともある！　アンボイナの毒矢には、生物の筋肉の動きをさまたげる神経毒がそなわっている。この神経毒が**体の自由をうばう**だけでなく、呼吸をするために必要な筋肉さえ動かなくしてしまうのだ！　アンボイナに刺された人の死亡率は、あるデータによると70パーセント近いともいわれている！

大きさ
殻の長さ80～150mm

おもな生息地
沖縄、インド、太平洋など

毒の強さ
💀💀💀💀（4/5）

攻撃性
（4/5）

体の自由をうばう

アンボイナに刺された人の死因は、体の自由をうばわれて水中でおぼれるか、陸にいて呼吸困難におちいるかのどちらかが多い。

毒の吹き矢

歯舌は、実際の吹き矢のように息を吹いてとばすのではなく、筋肉の動きでつきだす。先端には「かえし」がついていて、一度刺さったら抜けにくくなっている。

パンク町田の有毒生物

アンボイナはコノトキシンという毒を使って魚をしとめる。つまりこの毒は、魚や人間のような脊椎動物をしとめるためのものなのだ！　この毒にやられた魚は、意識はあってもアンボイナに食べられているあいだは暴れない。毒には痛み止めの作用もあり、痛みを麻痺させるからだ！

毒で動けなくなった魚を食べるアンボイナ。口を大きくのばして丸のみにする。

この剛毛、
かたいだけじゃない！
全身の剛毛
一本一本に毒をもつ毛は、刺さると相手の体内に毒を注入するしくみになっているため、毛を抜いても毒は相手の体内にのこりつづける。

その他の節足動物

ウミケムシ

海を泳ぐ毒ブラシ

夜に砂浜を歩いていると、うねうねとした毛虫のような生きものに出くわすことがある。うっかりふんだりさわったりしてしまうと……とてつもない苦しみを味わうことになる！

ウミケムシは釣りえさにもなるゴカイなどの仲間で、ふだんは水深5～100メートルの海底で

大きさ
体長50～150mm

おもな生息地
沖縄、フィリピン、オーストラリアなど

毒の強さ

攻撃性

パンク町田の

有毒生物メモ

なんとおそろしい!!　こんな生きものが海面を泳ぎまわるというのだ。きもちわるい。しかも世界には100種類以上が生息しているのだ！

ウミケムシといわれる種類は、日本では本州の中部以南に多く、小型の甲殻類などの動物を捕らえ、丸のみにするものもいるのだ。

ウミケムシの一種。ウミケムシの仲間は、種類によって体の色や剛毛のはえかたがちがう。

生活している。しかし、夕方から夜にかけては海面を泳いだり浜にあがったりする習性をもつのだ。**全身の剛毛**は、のこぎり状になっており、毛の一本一本に毒がつまっている。敵におそわれたときには、この毛から毒を注入することで身を守るのだ。

刺されると、短くても3日、最長で1週間ものあいだ、激しい痛みがつづくという。

棘皮動物

ドハデな体が敵を遠ざける アデヤカキンコ

サポニンという毒
キンコや一部のヒトデなどがもつサポニンは、人に対しては毒性がよわく、漢方などでは薬として利用されたりもする。
おだやかなくらしを守るための毒！

ナマコの仲間で、昔は「金を食べる」といいつたえられた生きもの、キンコ。なかでもアデヤカキンコは読んで字のごとくあでやかな色をしている。

キンコの仲間は「毒をもつふり」をするため、ハデな外見をしていることも多いのだが、アデヤカキンコはふりではな

大きさ
体長150～200mm

おもな生息地
太平洋

毒の強さ

攻撃性

パンク町田の有毒生物メモ

キンコの仲間にはブチイモリ（66ページ）のようにベイツ型擬態をするものがいるが、いくらハデな色でも、キンコをねらう魚に色がわかるのだろうか？　じつは浅い海で昼間に活動する魚の大半は、ゆたかな色彩を見わけられるんだ。だから、キンコたちのベイツ型擬態は成立するんだね。

触手をしまったアデヤカキンコ。エサをとるとき以外は、このすがたでくらしている。

枝のような触手

紫色の体表に金色のレースがついたような体にくわえ、触手はあざやかな赤色。見た目の美しさから、ペットとしても人気がある。

く、魚を殺す**サポニンという毒**をもっている。

　ふだんは**枝のような触手**をのばして水中にただようプランクトンというごく小さな生きものを食べてくらしているが、危険を感じたり死に直面したりすると、体表から毒を放出する。こうして、海中にばらまかれた毒によって、おそいかかってきた天敵の魚などを殺す。まさに、最後の切り札なのだ。

ガンガゼ

体内にのこる毒の恐怖

長いとげの先に毒をもつガンガゼは、地引網などにかかることもある危険なウニの仲間。刺されると激痛や炎症にみまわれるだけでなく、手足の麻痺や呼吸困難などをおこすおそれもあり、死亡事故もおこっている！

毒の種類はタンパク毒とよばれるもので、成分についてはいまだくわしいことはわかっていないが、その危険性はけっしてあなどれない。さらにおそろしいのは、ガンガゼのとげがほかのウニよりも細くて折れやすいこと。

刺さったとげが折れ、皮ふの下にのこったとげの先端がぬけなくなってしまうことがあるのだ！

毒棘に刺された場合、すばやくとげをぬいて傷口を洗う必要があるのだが、それができないと重症になってしまうのだ。

そのとげはもろさゆえにおそろしい！

大きさ
殻の直径60〜70mm

おもな生息地
太平洋

毒の強さ
☠☠☠

攻撃性
🗡

長いとげ

とげは長いもので20センチになることもある。体のまんなかに眼点という感覚器官があり、光に反応してとげをうごかす。

とげの先端

折れて皮ふのなかにのこったとげは、そのままにしておくと、細かい破片であっても傷口が膿んで感染症をおこすことがある。

パンク町田の有毒生物

ガンガゼは、毒棘のおかげで魚や人などの捕食者におそわれる率が、毒のないウニよりはるかに低い。

ところが、この毒ウニにも弱点がある。じつは、魚たちはガンガゼをひっくりかえし、毒棘のまばらなウニの口元から食べてしまうんだ。

ガンガゼの天敵であるイシダイ。毒棘をうまくよけてガンガゼの殻の中身だけを食べてしまう。

刺胞動物

海底にさく毒の花
ハナギンチャク

触手に毒
触手は海中の水の流れによって動き、さわったものに毒をあたえる。なかにはこの毒がきかない魚もいて、そうした魚は触手をかくれがとして利用する。

海のなかにさく花のような生物、ハナギンチャク。植物にも見えるが、じつはクラゲとおなじ刺胞動物の仲間。イソギンチャクとは、親せきのような関係だ。

サンゴ礁の砂地で見ることができて、イソギンチャクとおなじく**触手に毒**をもっている。そのため、あやまってふれてし

大きさ
体高300〜400mm

おもな生息地
太平洋

毒の強さ

攻撃性

美しい花には毒のとげがある……！

ハナギンチャクは、イソギンチャクが岩などに体を固定するために使う、足盤とよばれる器官をもたない。それは、かれらが砂地に穴をほって体をうめることで自分を固定するように進化をとげたからだ。かれらの体のはしを見ると、はしが足盤のかわりに丸くなっているぞ。

足盤で地面に体を固定しているイソギンチャクの一種。

まうと腫れあがって激しい痛みを感じることになる。さらに、毒の痛みによってパニックをおこし、泳ぎが得意な人でもおぼれてしまう危険があるのだ。

また、ハナギンチャクの仲間、マウイスナギンチャクに刺された場合は、パニック程度ではすまず、即死することもあるので、イソギンチャクに近づくときには注意を忘れずに！

刺胞動物

小エビを守る毒要塞
ウデナガウンバチ

ウデナガウンバチは、**48本もの腕**をもつ、イソギンチャクの仲間。名前のウンバチとは、このイソギンチャクがすむ南西諸島の言葉で「海のハチ」という意味だ。ハチという名前がしめすように、広げた腕にふれる相手を刺して毒を注入する。刺されると、激痛にくわえて水ぶくれができ、かゆみが長くつづく。症状が重くなると皮ふの細胞がこわれ、筋肉の痙攣がおきることもあるという。浅い海にいて、色も地味で見つけにくいので、海水浴や磯遊びのときに刺されてしまうのだ。

非常に危険なウデナガウンバチだが、その触手のあいだに、アカホシカクレエビをはじめとした小さなエビがかくれていることがある。エビにとっては、安全なすみかなのだ。

48本の腕に無数の触手が!!

大きさ
直径250mm

おもな生息地
太平洋

毒の強さ

攻撃性

触手のように見えるのは、体の一部が48個にわかれて腕のように長くのびたもの。この腕の一本一本に枝わかれした触手がはえている。

パンク町田の有毒生物メモ

こいつのもつ毒は、タンパク質であることはあきらかになっているのだが、それ以上のくわしいことは、まだ解明できていない。

それだけに未知数で、新しい薬の開発などに利用できるかもしれないんだ。

毒をもつ植物のジキタリス。この植物のもつ毒の成分は、心臓の薬として利用されている。

刺胞動物

イタアナサンゴモドキ

サンゴのような毒の岩？

クラゲをうみだす

はきだされるクラゲは、非常に小さいが毒をもつ。イタアナサンゴモドキに近づいただけで痛みを感じることもあるが、それはこのクラゲのせいだ。

イタアナサンゴモドキはサンゴそっくりの外見をしているが、じつはウミヒドラという、クラゲやイソギンチャクの仲間。体の表面を近くで見ると、ポリプという刺胞動物特有の構造が群れのように集まって体をつくっている。体の表面にあいた穴からは、小さな**クラゲをうみだす**

大きさ
体長1000～2000mm

おもな生息地
太平洋

毒の強さ
（2/5）

攻撃性
（1/5）

イタアナサンゴモドキはたしかにサンゴではないけれど、サンゴといっしょにサンゴ礁をつくる。サンゴとサンゴモドキは、どちらも石灰質の骨組みをもつ生物で、サンゴ礁という地形は、両方の生物の骨組みがあわさってできているんだ。ちょっとむずかしいかな？

さまざまな生きものによってつくられるサンゴ礁。

毒針細胞
後遺症がのこるほどの毒ではないが、サンゴとまちがえてさわってしまい、被害をうける事故が多発している。

こともできるという！

刺胞動物は体の表面に、毒針をもつ特別な細胞をもち、刺激をうけるとこの毒針がとびだすしくみになっている。クラゲなどに刺されたときには、この**毒針細胞**にやられたのだ。イタアナサンゴモドキはこの毒針細胞がとくに強力で、刺されると目の前に火花がとんだかのように痛むためファイヤーコーラル（火サンゴ）ともよばれる。

刺胞動物

植物のようなクラゲの仲間 ハネウミヒドラ

海底にはえる植物だと思ってハネウミヒドラをつかむと……クラゲに刺されたかのようなするどい痛みが、てのひらに走る!! ハネウミヒドラはイタアナサンゴモドキ（160ページ）とおなじように、ポリプが群れ集まって体をつくっている刺胞動物。痛みが走ったのは、毒針細胞を刺激したためだ。

ポリプは、そのひとつひとつが、群れとして生きるのに必要なすがたに自分をかえる性質をもっている。つまり、茎のようにかたくなった部分も、葉のようにひらひらとした部分も、おなじ**ポリプの集まり**によってできているのだ!

不思議な性質をもつハネウミヒドラ。「ヒドラ」の名前は、ギリシャ神話に出てくる毒をもつ怪物が由来になっている。

ポリプの集まり

ポリプは、岩の上にも広がって植物の根のような役目もはたす。

大きさ
体長80～100mm

おもな生息地
太平洋、大西洋、インド洋

毒の強さ

攻撃性

無数のポリプが怪物ヒドラを形づくる？

パンク町田の有毒生物メモ

ハネウミヒドラの体の形は、たしかに陸上の植物に非常に近い。このように、まったくちがう場所でも、風や水の流れに対ししっかり体を固定したり、体の面積を広げ栄養を得たりという、おなじ機能のために、似た形に進化することを収斂進化というんだ。

ハネウミヒドラと似たすがたに進化をとげた植物。

刺胞動物

超巨大殺人クラゲ キロネックス

大きさ
全長3000～4500mm

おもな生息地
インド洋南部、オーストラリア沿岸

毒の強さ
☠☠☠☠☠

攻撃性
🗡🗡🗡🗡🗡

南太平洋に浮かぶオーストラリアに、なんと5000人以上もの犠牲者を出した怪物のようなクラゲが存在する！

そのクラゲはキロネックスとよばれ、現地では**殺人クラゲ**としておそれられている。**非常に大型**で、触手をふくめた大きさは最大で4メートルにも達する。神経毒と溶血毒、皮ふ壊死毒をふくんだ猛毒は、人間の心臓や神経、皮ふをズタズタにし、激痛からくるショック状態をひきおこす。最悪の場合、心臓麻痺で即死する可能性もあるというのだ。

しかもキロネックスは、ふつうのクラゲとちがって、水中をただようだけではなく、カサの部分を動かしてみずから移動することができる。獲物をもとめて泳ぎまわる、おそるべきハンターなのだ！

殺人クラゲ

キロネックスの毒はクラゲの中で最強ともいわれ、エサとなる小魚や小エビなどは、一瞬で命をうばわれる。人間用の解毒剤が開発されているが、それを使う前に手おくれになることも多い。

海で出合いたくない有毒生物のトップクラス

非常に大型

長い触手を水中にただよわせる。触手がからみついたところすべてに毒をおよぼすので、被害は広範囲になりやすい。

パンク町田の有毒生物

ひとごとではない！　キロネックスは日本にもいるのだ！　沖縄諸島や奄美大島の沿岸部では、刺毒被害が続出しているぞ。オーストラリアのキロネックスとはことなる種類で、キロネックス・ヤマグチーまたはハブクラゲとよばれているのだ。

沖縄の海水浴場に立てられた「クラゲに注意」の看板。

棘皮動物

サンゴを食らう怪生物 オニヒトデ

猛烈な食欲で魚、貝、そして美しいサンゴまでも食いあらすオニヒトデ。その被害は人間にも!?

見てのとおり無数のとげを全身にはやしたオニヒトデは、とげの一本一本に強力な毒をもっている。激しい痛みをもたらすのと同時に、ガンガゼ（154ページ）のように折れて体内にのこり、重大なダメージをあたえる**危険な毒棘**だ。

また、オニヒトデは一定の周期で大発生することがあり、サンゴが壊滅的な被害をうける。それだけでなく、ヒトデを退治しようとする人間にも毒の危険がおよぶのだ。オニヒトデは、そのどん欲さにくわえ、毒と大発生によって、美しい海を地獄にかえてしまうのだ。

パンク町田の有毒生物メモ

ヒトデの仲間は、ウニの仲間とおなじ棘皮動物に分類される。この棘皮動物がもつ毒の種類は、一部をのぞき、タンパク毒なのがふつうで、ほかにも管足という足で移動するなど、共通点が多い。

ヒトデの刺身を食べてみたらウニの味がしたよ。

おなじ棘皮動物のナマコ。食べられるが、ウニの味はしない。

大きさ
直径200～600mm

おもな生息地
太平洋、南アフリカ沿岸ほか

毒の強さ
💀💀💀💀(4/5)

攻撃性
(2/5)

海底をうめつくす悪夢の大増殖!
危険な毒棘
その毒は神経にはたらきかけて激痛をひきおこす。傷口は大きく腫れて化膿し、死んでしまう場合もある。刺されたときには、いそいで毒をすいだす必要があるが、とげが体内にのこってしまうと、非常に危険。

軟体動物

カキ

ほんとうはこわい海のミルク

世界中の人びとに愛され、日本でも冬の味覚として知られるカキ。「海のミルク」とよばれるほど栄養価が高いことでも有名だが、なんとこのカキが毒をもつこともある！

じつは、カキには**海水を浄化**する能力があり、水中の汚れや微生物、細菌などをとりこんで、水をきれいにするのだ。おどろくべきことにひとつのカキで1時間あたり7リットル以上もの水をろ過できるという。

しかし、その際に有毒プランクトンをとりこんでしまうと、カキの体に毒がたくわえられることになる！　またプランクトンだけでなく、細菌などをとりこんでしまうこともあるのだ。生食用のカキは、この毒に対して、さまざまな対策をほどこされているが、油断はできない。

食用だからといって安心だとはかぎらない――!?

大きさ
殻の長さ80～150mm

おもな生息地
世界中の海

毒の強さ
☠☠☠☠

攻撃性
🗡

海水を浄化

食用のカキは、人間に養殖されていることが多いが、この養殖も海中でおこなわれるので、水中にただよう毒素をカキがとりこむのを完全にふせぐことはできない。

パンク町田の有毒生物メモ

オレはね、自分でとってきた岩ガキを食べて食中毒をおこしたことがあるんだ。そうとう苦しんだね。おなかが痛いだけではなく、胃がブルブルッとふるえ、熱が出て大変な目にあったよ。岩ガキは専門の漁師さんがとったものでないと食べたら危険だ！

収穫された岩ガキ。カキのなかにもマガキ、イタボガキなど、いくつかの種類がある。

軟体動物

記憶をうばう毒貝

ムールガイ

水中の毒素がその身に集まる!!

1987年のカナダで集団食中毒が発生！被害者をおそった症状はおう吐や下痢だけではなく、記憶障害をおこすというおそろしいものだった。その原因となったのが、ムールガイなのだ。

ムールガイはカキ（168ページ）とおなじく、海水の浄化能力をもっていて多くの毒素をたくわえてしまう。しかもカキよりも体内の毒がへる速度が遅く、麻痺や下痢の原因となる多くの種類の毒をたくわえてしまうのだ。なかでもドウモイ酸とよばれる貝毒は、**脳を破壊**してしまうというあまりにも残酷な毒性をもっている！

お店で売られているムールガイはきちんと検査されたものなので危険はないが、野生のものには毒性がのこっている場合がある！

大きさ
殻の長さ80〜150mm

おもな生息地
世界中の海

毒の強さ

攻撃性

脳を破壊

ドウモイ酸は、貝を食べた人の脳の神経細胞のはたらきを異常に活性化させ、神経をショートさせると考えられている。

パンク町田の有毒生物メモ

ムールガイとはヨーロッパイガイ、イガイ、ムラサキガイなど、基本的にはイガイ科、イガイ属に分類されるもののうち、食用とされる種全体のよび名で、特定の一種の名前ではないんだ。

ムールガイはイガイなだけに、意外でしょ。

ムールガイは、二枚貝とよばれる貝の一種。

コラム4 自然界にない毒

毒をもつ鉱石のひとつ、石綿。以前はたてものの材料などに利用されていたが、危険な毒をもつことがわかり、禁止されるようになった。

毒の分類のしかたには、いろいろなものがある。たとえば、生きものによってつくられる生物毒と、石などの鉱石がもつ毒や化学的に合成される毒をあわせて無生物毒というわけ方。また、それとは別に、天然毒と人工毒というわけかたもある。天然毒は、生物毒と鉱石がもつ毒をまとめたよび方。人工毒は、人間によって化学的に合成され、自然界にはない毒だ。

ドラマなどによく登場する青酸カリは、代表的な人工毒。有名な毒ヘビ、マムシの毒のおよそ2倍という強い毒性をもつ。しかし、タイワンコブラのもつコブロトキシンは、青酸カリのさらに約34倍の強さ。サリンというおそろしい人工毒もあるが、ボツリヌス菌がつくりだすボツリヌストキシンは、サリンの18万倍の強さだ。

毒の強さだけでいうなら、人間がつくりだした人工毒は、生きものが進化のなかで手に入れてみがきぬいてきた自然毒には、かなわないのかもしれない。

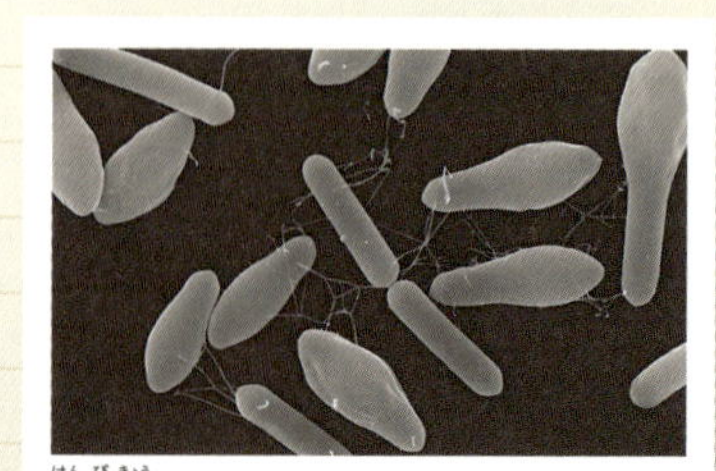

顕微鏡で見たボツリヌス菌のすがた。人間の食べもののなかで繁殖することもあり、大きな被害を出す。

第五章
街(まち)にまぎれる毒(どく)

両生類

アズマヒキガエル

薬にもなる毒ガエル!?

汗を流す

「カエルの汗」とは、耳腺から出るブフォトキシンをふくんだ白い体液を汗に見たてて、そうよんだものと考えられている。

アズマヒキガエルは、日本にしかいないニホンヒキガエルという種の「亜種」としてわけられている種。体内の強力な毒で身を守るが、この毒はヤマカガシ（16ページ）にはききめがない。反対にヤマカガシが自分の身を守るために利用してしまう。

それどころかこの毒

大きさ
体長40～165mm

おもな生息地
日本

毒の強さ

攻撃性

その毒はヘビにも人間にも利用されてきた！

パンク町田の有毒生物メモ

有名な「ガマの油」という薬は、じつは植物の蒲の粉と馬の油をまぜあわせたものだといわれる。ヒキガエルの毒を加工した「センソ」とよばれる生薬がじっさいにあるけど、センソは強心剤などに使われるもので、ぬり薬としての効果は薄いどころか危険をともなうぞ。

植物の蒲。花粉にふくまれる成分が、薬として利用できる。

は、人間にまで利用されていたというのだ！　江戸時代に売られていたという「ガマの油」というぬり薬がそれで、ヒキガエルに鏡を見せると**汗を流す**ので、その汗からつくった薬だと宣伝されていたという。

この薬は、アズマヒキガエルの毒にふくまれるブフォトキシンという成分を利用したものだという説もあるが、どれくらいきくのだろうか？

昆虫

昆虫界の黄色い悪魔
オオスズメバチ

大きさ
体長28～40mm

おもな生息地
日本

毒の強さ

攻撃性

オオスズメバチは、自分よりも大きな動物や人間にもかまわずおそいかかる**凶暴な怪物**だ！

スズメバチの毒は、強烈な毒成分がいくつもふくまれていることから毒のカクテルともよばれ、**大きな毒針**で刺されると傷口から想像を絶する激痛が走る。

さらに、過去に一度でもハチに刺されたことがある人の場合、アナフィラキシーショックという激しいアレルギー症状をおこしてしまい、死にいたることもあるというのだ。オオスズメバチは群れでおそってくることが多いので、無数のハチに何回も刺されるうちに、このアナフィラキシーショック症状をおこすことも多いのだ！巣を見つけても、絶対に近づかないことだ！

パンク町田の有毒生物メモ

オオスズメバチの幼虫がおいしいときいて、とりにいったことがある。煙でハチをあぶりだし、幼虫をちょうだいするのだ。車にそなえつけられた発煙筒をつかったのだが、そのお味は……。

「発煙筒の味がする……」

現在ではおいしい味をつける専用の発煙筒が販売されているぞ!

オオスズメバチの幼虫はエビのような味がするという。

するどい毒針で人をもおそう!!

凶暴な怪物

あごに毒はないが、力が強く獲物の肉をかみちぎる。オオスズメバチは非常に攻撃的で、おなじスズメバチのキイロスズメバチもえじきにしてしまう。

大きな毒針

ハチの仲間のなかで最大級の大きさをほこる。強烈な毒と凶暴さをかねそなえるオオスズメバチは、すべての有毒生物のなかでも、トップクラスの危険度をほこる。

昆虫

麻酔を使って狩りをする アメリカジガバチ

イモムシを捕らえて巣に運びこみ、卵をうみつけて、うまれてくる子どものエサにする。有名な『ファーブル昆虫記』で、ジガバチはこのように紹介された。

アメリカジガバチは正確にはジガバチではないのだが、こちらも子どものために狩りをすることで知られる昆虫。イモム

大きさ
体長18〜27mm

おもな生息地
日本、アメリカ

毒の強さ

攻撃性

保存
長い脚をつかって泥をこね、獲物を保存しながら卵をうみつけるための巣をつくる。泥の巣は街なかにもつくられることがある。

シではなく、クモをねらって**毒を注射**するのだ。この毒は獲物を完全に麻痺させるが殺しはせず、生かしたまま子どもが卵からかえるまでのあいだ「**保存**」できるのだ！

捕らえられたクモにしてみれば、ひとおもいに殺されるより、よほどおそろしい毒だろう。人を攻撃することは少ないが、もしクモを飼っている人がいたら、このハチには注意が必要だ。

パンク町田の有毒生物メモ

アメリカジガバチはたしかにジガバチではないけれど、おなじアナバチ科で、親戚どうしのようなもの。なぜジガバチと区別されるかというと、アナバチ科のジガバチ亜科にはジガバチ族しかなくて、その種だけをジガバチとよぶと決めているから。生きものの分類って、ちょっとめんどくさいでしょ。

ジガバチ族のサトジガバチ。アメリカジガバチとよく似ているが、体の色などがちがう。

昆虫

炎の猛毒アリ アカカミアリ

日本でも目撃

海外からの荷物などにまぎれて日本に入ってくると考えられていて、小型の虫などをえじきにして、侵入先の生態系を崩してしまう。

大きさ
体長3〜8mm

おもな生息地
中央アメリカ、南アメリカなど

毒の強さ

攻撃性

中央アメリカや南アメリカに生息するアカカミアリは、英語で「ファイヤーアント」とよばれる殺人アリだ！ 刺されたところが燃えるように熱くなることから、こうよばれるようになった。

強力なあごと毒針を武器に集団でおそいかかっ

日本でも、小笠原諸島の硫黄島にはこのアリが定着して、被害者が出ているぞ！　多くのアリの仲間は、おなじ種でも雄アリ、女王アリ、働きアリの3つの形がある。アカカミアリでとくに危険なのはこのなかの働きアリで、卵をうむための産卵管が変化した毒針で人をおそうんだ。

アカカミアリが生息する硫黄島。現在は自衛隊の基地があり、関係者以外は島に入れない。

強い神経毒

焼けるような激痛にくわえ、激しく腫れて水ぶくれができる。北アメリカでは、アナフィラキシーショックによって年間1500人近い死者が出ているという報告もある。

てくるので、激痛だけではなく、オオスズメバチ（176ページ）に刺されたときのように、アナフィラキシーショックをひきおこすこともある非常に危険なアリだ。

南アメリカから北アメリカに侵入し、天敵のアリクイがいなかったため、爆発的に広まった。じつはこのアカカミアリは、**日本でも目撃**されていて、危険な外来生物として警戒されている。

昆虫

無数の毒棘をもつ幼虫 イラガ

イラガの幼虫には、なんと全身に**240本もの毒棘**がはえているという!! このとげに刺されると、電気ショックのような激しい痛みが1時間以上も全身をかけめぐるのだ!

イラガの幼虫の毒は、成分こそはっきりとはわかっていないが、外敵が近づくなどすると、全身のとげの先から毒液を分泌する。痛みのほかにも、場合によっては水ぶくれができたりかぶれたりすることもある。ただし、刺されたあとの手あてをきちんとしていれば、ドクガ（44ページ）の毒よりも、なおりははやいので安心してほしい。

危険な毒をもつイラガの幼虫だが、江戸時代には、繭になったあとそのなかで眠る幼虫は玉虫とよばれ、上等な釣りエサとして人気があったのだという。

緑色のこいつにふれてはいけない――！

大きさ
体長20～24mm

おもな生息地
日本

毒の強さ

攻撃性

240本もの毒棘

イラガの幼虫は何匹も集まって葉の裏にかくれていることがあり、あやまってさわってしまうと被害が大きくなる。全身にはえる毒棘は、成虫になるとうしなわれる。

パンク町田の有毒生物メモ

イラガの成虫には毒がないので安心してほしい。毒どころか口もなくエサを食べない。毒で身を守らずエサも食べず、子孫をのこすためだけに生きるイラガの成虫は、かわいそうな気もする。大人になっても遊んでばかりのオレは、イラガの生き方を学ぶべきなんだ。

イラガの仲間の成虫。

昆虫

アオクサカメムシ

くさい生物・昆虫代表

大きさ
体長12〜16mm

おもな生息地
日本

毒の強さ

攻撃性

くさい昆虫の代名詞ともいえるカメムシ。自分の身に危険がせまると、**青葉アルデヒド**という成分をふくんだ体液を腹からふきだして身を守る。そのにおいは強烈で、しめきった空間にカメムシをとじこめると、においを出したカメムシ自身が気絶してしまったという記録ものこされているほどだ。

においによる害がよく知られるカメムシだが、じつは畑の農作物を荒らす害虫でもある。キュウリやイネ、トウモロコシなどに注射器のような形の口を刺し、消化液を注入してどろどろに溶かしてしまうのだ。かつて、日本でカメムシが大発生したときには、農家の人たちは悪夢のような思いをしたという。カメムシは見ため以上におそろしい虫なのかもしれない。

広がるにおいと作物への被害！

青葉アルデヒド

強烈なにおいのもととなり、法律で危険物に指定されている。いっぽうで、香水の原料としても利用されている。

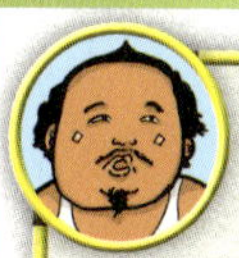

パンク町田の有毒生物 メモ

カメムシのにおい、オレはコリアンダーの味を連想してしまう。いや、たしかにコリアンダーだ！

それはともかく、カメムシの仲間のタガメに刺されたことがある。肉食のタガメは、カメムシとおなじ針状の口から消化液を送りこんでくるので、すごーく痛い！

エサをとるタガメ。水のなかでくらし、魚や小型のカエルなどをエサにする。

その他の節足動物

伝説に伝わる死神グモ
タランチュラコモリグモ

大きさ
体長190〜270mm

おもな生息地
ヨーロッパ

毒の強さ

攻撃性

イタリアのタラントという港町に、おそろしい**毒グモの伝説**があった。そのクモにかまれるとタランティズムという病にかかり、死にいたるという……。そして、そのクモの正体こそ、世界一有名な毒グモ、タランチュラだ!!　現在、タランチュラの名でよばれるクモは何種かいるが、タランチュラコモリグモはその元祖。

伝説どおりタラント周辺で見られるクモで、コモリグモという名前のとおり、子どもを腹部にのせて育てる非常にめずらしい習性をもつ。じつはこのクモ、毒牙（鋏角）をもってはいるが、人間に対しての毒性はシドニージョウゴグモ（52ページ）などよりはるかによわい。毒グモの代表ともいえる名前をもちながら、皮肉な話だ。

パンク町田の有毒生物メモ

タランチュラコモリグモにかまれてかかる病の名を、なぜタランティズムというのか。それは、このクモにかまれたときの解毒法が、タランテラという踊りを踊りつづけることだといいつたえられてきたためなのだ。

現在のタラントの街のようす。

毒グモの伝説
あごの力が強い。毒は、人間にとっては伝説でかたられるほどの害はないものの、獲物となる虫にとっては十分な脅威となる。
ヨーロッパには"死の踊り"が伝わっていた……。

その他の節足動物

セアカゴケグモ

死をよぶ真っ赤な背中

漢字で書くと、**背赤後家蜘蛛**。後家とは夫を亡くしてひとりになってしまった女性のことで、あまりに**毒性が強い**ために多くの犠牲者を出し、結果として後家をふやす、というところから名づけられたとされる猛毒グモだ。

もともとの生息地はオーストラリアだが、1995年に日本でも発見され、おおさわぎになったことがある。名前の由来がしめすとおり、人の命をうばうほどの毒をもち、かまれると血圧の異常や呼吸困難をまねく！

マイナス0・5度から46度までという幅広い気温のなかで生活することができ、日本で冬をむかえても死なず、繁殖をつづけることができるのだ。近所に生息している可能性もあるので、見かけたら迷わず保健所へ電話しよう！

毒性が強い

大型のクモとくらべロが小さく、かまれてもはじめはそれほど痛まないが、じょじょに痛みがまし、全身に広がっていく。

大きさ
体長5～10mm

おもな生息地
日本、オーストラリア

毒の強さ
☠☠☠☠☠

攻撃性
🗡🗡🗡🗡🗡

背赤後家蜘蛛（せあかごけぐも）

名前の由来にもなった、特ちょう的な赤いもよう。

名前の由来は大切な人の命をうばうこと

パンク町田の有毒生物メモ

この小さくてかわいいクモには、ラトロトキシンという強力な神経毒があるから気をつけろ。この毒は身を守るためではなく、獲物を麻痺させるためのものだ。自分からすすんでかんでくることはないので、落ちついて、正しい対応を心がけよう。

セアカゴケグモとおなじラトロトキシンをもつクロゴケグモ。おもにアメリカに生息する。

コラム5 毒が薬になる!?

じつは、生きものがつくりだす毒は、人間の薬をつくるためにも利用されている。猛毒、青酸カリの1000倍の毒性をもつフグ毒の成分は、痛みどめとして利用されているし、オブトサソリ（112ページ）の毒にふくまれるクロロトキシンは、脳腫瘍という脳の病気の発見に使えるとして研究がすすめられている。

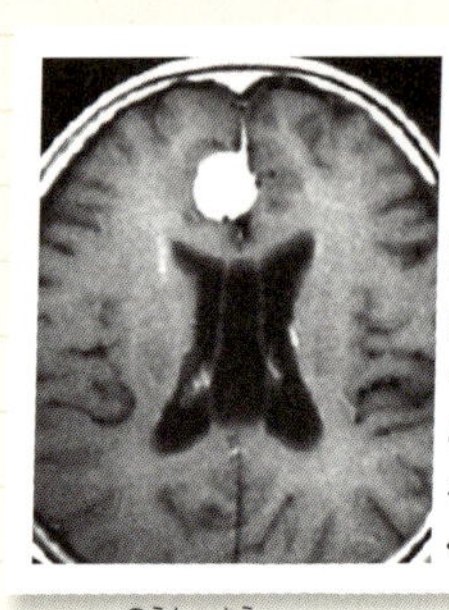
脳のレントゲン画像。クロロトキシンを使うことで、悪いところを見つけやすくなる。

ほかにも、クサリヘビの仲間の毒からは血圧をさげる薬が、ドクトカゲの仲間の毒からは糖尿病の薬がつくられるなど、生物毒をもとにして、たくさんの薬がつくられているのだ。

生物毒は、獲物や敵の体のなかではたらいて、相手の体に変化をおこさせる。その変化が相手にとって不利になるものを毒とよぶのだが、変化をうまく利用すれば、それは薬として使うことができるのだ。そして、人間が人工的につくりだす毒とちがい、生物毒は、はじめから生きものに対してはたらくようにつくられているので、人間にもききやすいということなのだ。

ヘビのもつ出血毒も、血液がかたまってしまう病気の薬として役だてられる。

おわりに

みなさん、どうでしたか!? 毒をあやつる不思議な生きものたちの話でした。毒のある生きものはこわい。でも、生きるための知恵だったり、薬として利用できたり、立場や見かたをかえると、こわいだけじゃない別のすがたが見えてくる。だから毒のある生きものたちには、まわりからこわがられても、日のあたる道を堂どうと歩いていってほしいとオレは思う。

毒のある生きものの話はまだまだあって、たとえばシノルニトサウルスという恐竜は、毒牙をもっていたと考えられている。牙に、ハイチソレノドンのように溝がきざまれているのだ。最近では、卵のなかのヘビの毒牙がどのようにつくられるかを研究することで、ヘビがいつごろ毒牙を使うように進化したかがわかったりもしている。

毒のある生きものだけでもこんなにおもしろいんだから、生きものの不思議は一生かかっても知りつくせないぞ!! オレはもう生きものの不思議で頭がいっぱいだよ。年齢はおじさんだけど、頭のなかは子どものままなんだ。こんなオレを見て、いやな顔をする人も、わらう人も、うらやましいという人もいる。いやがられたり、好かれたり……なんだかオレも毒のある生きものとおなじかもしれないね。だから「日のあたる道を堂どうと」という言葉は、オレや、オレに似たかわり者のためにも使わせてもらうことにしよう。みなさんも、毒のある生きものから元気をもらってくれるとうれしいな。

パンク町田

監修／パンク町田(まちだ)

1968年生まれ。東京都出身の動物研究家。NPO法人生物行動進化研究センター理事長。鷹道考究会理事・日本流鷹匠術鷹匠頭などを兼任。犬の訓練士でもあり、日本使役犬協会、Japanese bandog clubを主催。動物研究施設UACを運営しながら、メディア出演をこなす。

表紙イラスト● 橋爪義弘
写真● アフロ／アマナイメージズ／AntRoom／オアシス／ゲッティイメージズジャパン／体感型動物園iZoo／パンク町田
執筆・編集協力● 三枝亜人夢（株式会社クリエンタ）

おもな参考文献　学研の図鑑LIVE『危険生物』（今泉忠明監修／学研マーケティング）、講談社の動く図鑑MOVE『危険生物』（小宮輝之監修／講談社）、『図解でよくわかる毒のきほん』（五十君靜信監修／誠文堂新光社）、『世界の生き物大図解』（デレク・ハーベイ著／小学館）、『世界の不思議な毒をもつ生き物』（マーク・シッダール著／エクスナレッジ）、『爬虫両生類の上手な飼い方』（冨水 明著／エムピージェー）、『ヒトを喰う生き物』（パンク町田監修／ビジネス社）、ポプラディア大図鑑WONDAシリーズ（ポプラ社）、『猛毒生物図鑑』（今泉忠明監修／日本文芸社）

これマジ？　ひみつの超百科⑩
さわるな危険！　毒のある生きもの超百科

発　行　2016年9月　第1刷　　2017年7月　第6刷
監　修　パンク町田
発行者　長谷川 均
編　集　勝屋 圭
デザイン　楢原直子
発行所　株式会社ポプラ社
〒160-8565　東京都新宿区大京町 22-1
電話（編集）03-3357-2216（営業）03-3357-2212
インターネットホームページ　www.poplar.co.jp
印　刷　中央精版印刷株式会社　　製　本　株式会社ブックアート

ISBN978-4-591-15132-7 N.D.C.480 191P 18cm